输电线路的运行与维护

主　编　丁叶强

副主编　黄启震　徐　阳　肖李俊

ZHEJIANG UNIVERSITY PRESS
浙江大学出版社
·杭州·

图书在版编目（CIP）数据

输电线路的运行与维护 / 丁叶强主编. —杭州：
浙江大学出版社，2021.4（2024.8 重印）
ISBN 978-7-308-21208-3

Ⅰ. ①输… Ⅱ. ①丁… Ⅲ. ①输电线路－运行②输电
线路－维修 Ⅳ. ①TM726

中国版本图书馆 CIP 数据核字（2021）第 055331 号

输电线路的运行与维护

主　　编　丁叶强
副主编　黄启震　徐　阳　肖李俊

责任编辑　杜希武
责任校对　董雯兰
封面设计　刘依群
出版发行　浙江大学出版社
　　　　　（杭州市天目山路 148 号　邮政编码 310007）
　　　　　（网址：http://www.zjupress.com）
排　　版　杭州好友排版工作室
印　　刷　广东虎彩云印刷有限公司绍兴分公司
开　　本　880mm×1230mm　1/32
印　　张　5.125
字　　数　133 千
版 印 次　2021 年 4 月第 1 版　2024 年 8 月第 3 次印刷
书　　号　ISBN 978-7-308-21208-3
定　　价　49.00 元

前　　言

本书以 35～110kV 的架空输电线路和电力电缆线路相关运行维护知识以及工作流程为主要学习内容和学习目标，并以此为基础扩展到更多电压等级的运维知识。介绍了电力生产的常识与输电线路在电力生产系统中的地位和作用，与输电线路运维工作的重要价值，并针对线路设备在运行过程中存在的缺陷和可能产生的故障进行分类阐述，同时分享了常规防止措施和思路。

本书旨在为新进员工以及初学者介绍一个尽量贴近于现实生产环境的知识结构体系，快速对生产环境有一个总体的了解和把握，同时也能够对工作目的和工作中产生的问题进行系统性思考。

通过本书的学习可以初步掌握输电线路运维的基础理论知识并对生产过程有一个初步的认知，为现实工作提供有价值的参考。

目　录

第一部分　基础知识

第二部分　标准与方法

第三部分 安全管理

第一部分　基础知识

第一章　电力生产系统常识

电力生产是指把各种一次性能源,包括化石燃料(煤炭、石油和天然气等)、可再生能源(水能、风能、太阳能、潮汐能、地热能和生物质能等)以及核能转换成电能,并输送和分配到电力用户的过程。

从事电能生产、传输和销售的行业称为电力行业。电力生产有一个十分重要的特点,即电能的生产、输送、分配直到用户的使用都是在同一瞬间完成的;由于目前电能还没有办法进行大规模的储存,因此电力生产的各个环节必须随时保持平衡,形成一个完整的、高度协同动作的电力系统。

电力生产过程包括电能的生产、输送和分配,因此严格地讲,电力生产应包括发电、输电和配电三个主要环节;由于从发电到输电以及配电,电力需要经过多次的电压变化,因此变电存在于这三个主要环节之中。电力生产系统如图 1-1 所示。

1. 发电

目前世界各国电力工业普遍采用的发电方式是:火力发

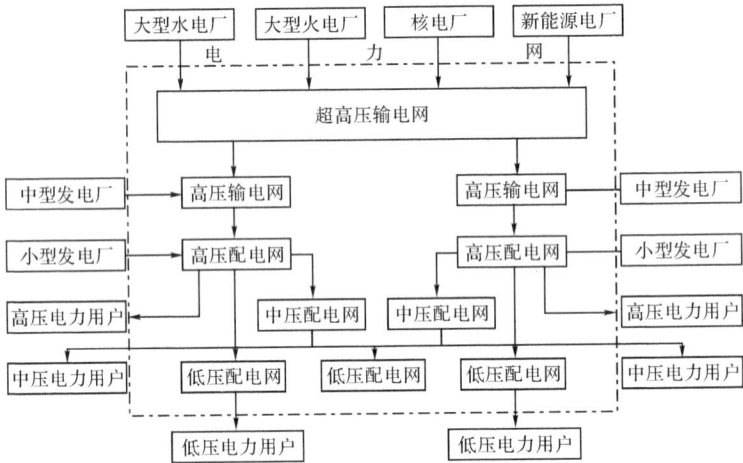

图 1-1　电力生产系统结构图

电、水力发电和核能发电,其中火力发电包括燃煤发电、燃油发电和天然气发电;在各种发电方式中,火力发电存在污染物排放问题,其中粉尘、灰渣、碳氧化物和硫化物可以采取技术措施加以防治,但无法解决二氧化碳的排放问题。

2. 输电

输电功能由升压变电站、降压变电站及其相连的输电线路完成。所有输变电设备连接起来构成输电网,所有配电设备和配电线路连接起来构成配电网。输电网和配电网统称为电网。随着电力生产规模的扩大、输电容量的增大以及输电距离的不断增长,陆续出现了高压输电(220kV),超高压输电(330kV、380kV、500kV、750kV)以及特高压输电(1000kV 及以上);

3. 配电

电力生产的配电环节是从输电环节接受电能,并根据各类用户的不同需求,以最少的消耗将电能分配到各行各业的用户;配电环节应根据用户的重要性和对电力的依赖程度(电力可靠性以及电能质量)分门别类加以对待。

4. 变电

变电存在于上述电力生产的三个主要环节之中。

(1)在发电环节需要配备升压变电站以将电力送入输电环节;

(2)在输电环节,为了满足不同电压输电网之间的连接、输电线路的正常交汇以及将电力输送至配电环节,变电所起到变换电压、控制电力流向和电压调节的作用;

(3)在配电环节中,电压需要经过多次变换才能满足电力用户的需求,这里变电不仅起到变换电压的作用,而且还起控制电力流向、分配电力和保证电压质量的作用。

第二章　输电线路在电力系统中的地位和作用

　　电力系统中电厂大部分建在动力资源所在地,如水力发电厂建在水力资源点,即集中在江河流域水位落差大的地方,火力发电厂大都集中在煤炭、石油和其他能源的产地;而大电力负荷中心则多集中在工业区和大城市,因而发电厂和负荷中心往往相距很远,这就出现了电能输送的问题,需要用输电线路进行电能的输送。因此,输电线路是电力系统的重要组成部分,它担负着输送和分配电能的任务。

　　输电线路的任务是将发电厂发出的电力输送到消费电能的地区(也称负荷中心),或进行相邻电网之间的电力互送,使其形成互联电网或统一电网,保持发电和用电或两电网之间供需平衡。对于配电线路的任务而言,其任务是在消费电能的地区接受输电网受端的电力,然后进行再分配,输送到城市、郊区、乡镇和农村,并进一步分配给工业、农业、商业、居民以及特殊需要的用电部门。

输电线路有架空线路和电缆线路之分。按电能性质分类有交流输电线路和直流输电线路。按电压等级有输电线路和配电线路之分。输电线路电压等级一般在 35kV 及以上。目前我国输电线路的电压等级主要有 35kV、66kV、110kV、220kV、330kV、500kV、750kV、1000kV 交流和 500kV、800kV 直流。一般说，线路输送容量越大，输送距离越远，要求输电电压就越高。配电线路担负分配电能任务的线路，称为配电线路。我国配电线路的电压等级有 380/220V、6kV、10kV。

架空线路主要指架空明线，架设在地面之上，架设及维修比较方便，成本较低，但容易受到气象条件和环境（如大风、雷击、污秽、冰雪等）的影响而引起故障，同时整个输电走廊占用土地面积较多，易对周边环境造成电磁干扰。输电电缆则不受气象和环境的影响，主要通过电缆隧道或电缆沟架设，造价较高，发现故障及检修维护等不方便。电缆线路可分为架空电缆线路和地下电缆线路，电缆线路不易受雷击、自然灾害及外力破坏，供电可靠性高，但电缆的制造、施工、事故检查和处理较困难，工程造价也较高，故远距离输电线路多采用架空输电线路。

输电线路的输送容量是在综合考虑技术、经济等各项因素后所确定的最大输送功率,输送容量大体与输电电压的平方成正比,提高输电电压,可以增大输送容量、降低损耗、减少金属材料消耗,提高输电线路走廊利用率。超高压输电是实现大容量或远距离输电的主要手段,也是目前输电技术发展的主要方向。

输电专业日常管理工作主要分为输电运行、输电检修、输电事故处理及抢修三类。

输电专业管理有几个主要特点:一是,工作危险性高。输电线路检修一般需要进行高空作业,对工作人员的身体素质、年龄和高空作业能力要求很高,从安全角度考虑,一般年龄较大人员很难再胜任输电线路高空检修作业工作;输电带电作业需要在不停电的情况下,实行带电高空作业,对技术和人员素质要求更高,因此该工作危险性较高。二是,输电事故具有突发性。输电事故处理和抢修工作属于突发性事故抢修工作,不可能列入正常的输电检修工作计划,在输电事故抢修人员和业务管理上与输电检修差异较大。三是,施工环境大都比较恶劣。受输电成本和发电厂、水电站位置的影响,大多数输电线路架设在地广人稀的高山、密林、荒漠地区,施工环境恶劣,条件艰苦,很多施工设备和材料无法通过车辆运送,导致线路的建设和维护难度增大。

在事故抢修管理方面,对于一般事故抢修,可通过加强对抢修事故的统计分析,了解事故发生的规律,深入分析后确定需要配备的日常抢修工作人员数量;对于日常工作人员不能完成的抢修事故可通过外围力量的支持协作来完成,如破坏性较大的台风、地震、雪灾等严重自然灾害发生时,对输电网络影响较大,造成的电网事故比较集中,因此可以集中一个地市、全省甚至是全国电力系统的力量,开展事故抢修工作。

第三章 输电线路结构

一、架空输电线路结构

架空输电线路主要由导线、地线、绝缘子(串)、金具、杆塔和拉线、基础以及接地装置等组成,这些部件也是施工安装的主要对象。

1. 导线

导线用以传导电流、输送电能,它通过绝缘子串长期悬挂在杆塔上。导线常年在大气中运行,长期受风、冰、雪和温度变化等气象条件的影响,承受着变化拉力的作用,同时还受到空气中污物的侵蚀。因此,除应具有良好的导电性能外,导线还必须有足够的机械强度和防腐性能,并要质轻价廉。

2. 地线

地线又称架空地线、避雷线,悬挂于导线上方。由于架空地线对导线的屏蔽及导线、架空地线间的耦合作用,从而可以减少雷电直接击于导线的机会。当雷击杆塔时,雷电流可以通过架空地线分流一部分,从而降低塔顶电位,提高耐雷水平。架空地线常采用镀锌钢绞线。目前常采用钢芯铝绞线、铝包钢绞线等良导体,可以降低不对称短路时的工频过电压,减少潜供电流。采用光缆复合架空地线还兼有通信功能。

3. 绝缘子

绝缘子用来支持或悬挂导线和地线,保证导线与杆塔间不发生闪络,保证地线与杆塔间的绝缘。绝缘子长期暴露在自然环境中,经受风雨冰霜及气温突变等恶劣气候的考验,有时还受到有害气体的污染,因此,绝缘子必须具有足够的电气绝缘强度和机械强度,并应定期检修。送电线路常用绝缘子有盘型瓷质绝缘子、盘型玻璃绝缘子、棒型悬式复合绝缘子。

4. 线路金具

金具是输电线路所用金属部件的总称。金具种类繁多,常用的有线夹类金具、接续金具、连接金具、保护金具以及拉线金具等。在设计线路时,应尽量选择标准金具,以保证其具有足够的机械强度。与导线相连的金具,还必须具有良好的电气性能。

5．杆塔和拉线

杆塔用来支持导线、地线和其他附件,使相导线以及地线之间彼此保持一定的安全距离,并保证导线与地面、交叉跨越物或其他建筑物等之间具有允许的安全距离。拉线用来平衡杆塔的横向荷载和导线张力,减少杆塔根部的弯矩。使用拉线可减少杆塔材料的消耗量,降低线路的造价。

6．杆塔基础

杆塔基础的作用是支承杆塔,传递杆塔所受荷载至大地。

杆塔基础的形式很多,应根据所用杆塔的形式、沿线地形、工程地质、水文和施工运输等条件综合考虑确定。

7．接地装置

接地装置的作用是导泄雷电流入地,保证线路具有一定耐雷水平。

根据土壤电阻率的大小,接地装置可采用杆塔自然接地或人工设置接地体。接地装置的设计应符合电气方面的有关规定。

二、电力电缆线路结构

电力电缆的基本结构由导体、绝缘层和护层三部分组成。

电力电缆的导体在输送电能时,具有高电位。为了改善电场的分布情况,减小切向应力,有的电缆加有屏蔽层。多芯电缆绝缘线芯之间,还需增加填芯和填料,以便将电缆绞制成圆形。

1. 电力电缆的导体

电力电缆的导体通常用导电性好、有一定韧性、一定强度的高纯度铜或铝制成。导体截面有圆形、椭圆形、扇形、中空圆形等几种。较小截面($16mm^2$ 以下)的导体由单根导线制成;较大截面($16mm^2$ 以上)的导体由多根导线分数层绞合制成,绞合时相邻两层扭绞方向相反。圆形导体单线最少根数,中心一般为一根,第 2 层为 6 根,以后每一层比里面一层多 6 根,这样既增加了电缆的柔软性,又增加了导体绞合的稳定度,便于制造和施工。对于 35kV 及以下的电缆,在施工现场需要核对电缆导体的截面时,可以测量一下电缆导体外形尺寸,与电缆各等级标准截面的尺寸进行比较,根据经验可判定所用电缆导体截面积的大小。充油电缆的导体由韧炼的镀锡铜线绞成,铜线镀锡后可大大减轻对油的催化作用。当导体的标称截面大于 $1000mm^2$ 时,为了降低集肤效应和邻近效应的影响,常采用分裂导体结构,导体由 4 个或 6 个彼此用半导电纸分隔开的扇形导体组成。单芯充油电缆的导体中心有一个油道,其直径不小于 12mm。它一般是由不锈钢带或 0.6mm 厚的镀锡铜带绕成螺旋管状作为导体的支撑,这种螺旋管支撑还具有扩大导体直径,减小导体表面最大电场强度和减小集肤效应的效果。而有的则用镀锡铜条制成 Z 形及扇形线绞合成中空油道,不需要螺旋形的支撑管。充油电缆的油道也有在铅套下面;对于 400kV 及以上的高压充油电缆,为了提高其绝缘强度,则导体中心油道和铅套下面的油道兼而有之。

2. 电力电缆的绝缘层电力电缆

电力电缆的绝缘层电力电缆的绝缘层用来使多芯导体间及导体与护套间相互隔离,并保证一定的电气耐压强度。它应有一定的耐热性能和稳定的绝缘质量。绝缘层厚度与工作电压有关。一般来说,电压越高,绝缘层的厚度也越厚,但并不成比例。因为从电场强度方面考虑,同样电压等级的电缆,当导体截面积大时,绝缘层的厚度可以薄些。对于电压较低的电缆,特别是电压较低的油浸纸绝缘电缆,为保证电缆弯曲时,纸层具有一定的机械强度,绝缘层的厚度则随导体截面的增大而加厚。绝缘层的材料主要有油浸电缆纸、塑料和橡胶三种。根据导体绝缘层所用材料的不同,电缆主要分为油浸纸绝缘电缆、塑料绝缘电缆和橡胶绝缘电缆。

3. 电缆护层

为了使电缆绝缘不受损伤，并满足各种使用条件和环境的要求，在电缆绝缘层外包覆有保护层，叫作电缆护层。电缆护层分为内护层和外护层。

(1)内护层：内护层是包覆在电缆绝缘上的保护覆盖层，用以防止绝缘层受潮、机械损伤以及光和化学侵蚀性媒质等的作用，同时还可以流过短路电流。内护层有金属的铅护套、平铝护套、皱纹铝护套、铜护套、综合护套，以及非金属的塑料护套、橡胶护套等。金属护套多用于油浸纸绝缘电缆和110kV及以上的交联聚乙烯绝缘电力电缆；塑料护套(特别是聚氯乙烯护套)可用于各种塑料绝缘电缆；橡胶护套一般多用于橡胶绝缘电缆。

(2)外护层：外护层是包覆在电缆护套(内护层)外面的保护覆盖层，主要起机械加强和防腐蚀作用。常用电缆的外护层有内护层为金属护套的外护层和内护层为塑料护套的外护层。金属护套的外护层一般由衬垫层、铠装层和外被层三部分组成。衬垫层位于金属护套与铠装层之间，对铠装衬垫和金属护层起防腐蚀作用。铠装层为金属带或金属丝，主要起机械保护作用，金属丝可承受拉力。外被层在铠装层外，对金属铠装起防腐蚀作用。衬垫层及外被层由沥青、聚氯乙烯带、浸渍纸、聚氯乙烯或聚乙烯护套等材料组成。根据各种电缆使用的环境和条件不同,其外护层的组成结构也各异。

第二部分　标准与方法

第四章 架空输电线路运行与维护

第一节 架空输电线路运维概述

一、线路运行标准

线路运行管理工作就是依据《架空输电线路运行规程》对架空线路进行经常性的巡视和检查,对有关部件进行周期性的测试,以便发现缺陷和问题能及时进行检修和处理,确保线路的正常运行和不间断供电。架空输电线路在运行中应符合以下标准。如发现不符合标准要求时,应进行妥善处理。

1. 杆塔

(1)杆塔倾斜、横担歪斜不得超过表 4-1 中的规定。

表 4-1　杆塔斜、横担和歪斜允许范围

类别	钢筋混凝土杆塔	铁塔
杆塔倾斜度(包括饶度)	15/1000H	5/1000H(适用于 50m 及以上高度铁塔);10/1000H(适用于 50m 以下高度铁塔)
横担歪斜度	10/1000l(含木杆)	10/1000l

(2)铁塔主材弯曲度不得超过节间长度的 2/1000。

(3)普通钢筋混凝土杆的保护层不得腐蚀脱落、钢筋外露,裂纹宽度不得超过 0.2mm。预应力钢筋混凝土杆不得有裂纹。

(4)铁塔斜材交叉处的空隙应装有相应厚度的垫圈,以防斜材的变形弯曲。

2.导线及避雷线

(1)导线及避雷线处理标准:

• 导线及避雷线,由于断股损伤减少截面的处理标准如表 4-2所示。

• 钢质导线及避雷线由于腐蚀,其最大计算应力不得大于它的屈服强度。架空输电线路的运行标准 除符合上述运行标准之外,还应满足有关规程、规范的要求。如《电力线路防护规程》《架空送电线路设计技术规程》《电力设备保护设计技术规程》《电力设备接地设计技术规程》等。

表 4-2　导线、地线断股损伤减少截面的处理标准

线别	处理方法		
	缠绕	补修	切断重接
（1）钢芯断股 （2）损伤截面超过铝股总面积的 25%	钢芯铝绞线 5%～7%	损伤截面不超过铝股总面积 7%～25%	损伤截面占铝股总面积 >25%
钢绞线	损伤截面不超过总面积 7%	损伤截面占铝股总面积 7%～17%	损伤截面超过铝股总面积的 17%
单金属铰线	损伤截面不超过铝股总面积 7%	损伤截面占铝股总面积 7%～17%	损伤截面超过总面积的 17%

（2）弧垂要求：

· 导线、避雷线的弧垂误差不得超过＋6%或－2.5%。三相弧垂不平衡值在档距为 400m 及以下时，弧垂误差不得超过 0.2m；档距为 400m 以上时，弧垂误差不得超过 0.5m。

· 相分裂导线水平排列的弧垂，不平衡值不宜超过 0.2m。垂直排列的间距误差不宜超过＋20%或－10%。

3. 绝缘子运行标准

（1）单片绝缘子有下列情况之一者为不合格：

· 瓷裙裂纹、瓷釉烧坏、钢脚及钢帽有裂纹、弯曲、严重腐

蚀和歪斜、浇装水混有裂纹。

- 瓷绝缘电阻小于 $300M\Omega$。

- 分布电压低值或零值。

(2)污秽地区绝缘子串的单位泄漏比距(单位爬距)应满足污秽等级的要求。直线杆塔上的悬垂绝缘子串,顺线路方向偏斜角不得大于 $15°$。

4. 连接器

导线连接器有下列现象之一,即为不合格:

(1)导线连接器的电压降(或电阻值)与同样长度导线的电压降(或电阻)的比值大于 2.0;两半管的电压降或电阻大于 2.0。

(2)连接器过热。

(3)运行中探伤发现爆压管内钢芯烧伤、断股或爆压不实。

5. 接地装置

输电线路防雷的可靠性问题与接地装置的质量好坏、接地电阻的大小有密切关系,为此要求接地装置要有足够低的接地电阻和较强的防腐能力。杆塔接地引下线与接地体之间连接要牢固可靠。

二、架空输电线路检修分类

输电线路的检修,即输电线路的维护。它是在有关运行规程规定的要求和周期原则指导下进行的维护检修工作。一般包括常规检修、带电检修两大类。常规检修和带电检修，统称输电线路检修。

1. 常规检修

架空输电线路的常规检修包括小修（亦称日常维修）、大修、事故抢修和改进工程。检修工作的项目和内容由定期巡视检测（或预防性试验）的结果确定。

（1）小修是为了维持输、配电线路及附属设备的安全运行和必需的供电可靠性而进行的工作。也即除大修、改建工程、事故抢修以外的一切维护工作。如定期清扫绝缘子和并沟线、夹紧螺栓、铁塔刷漆、杆塔螺栓紧固、金属基础防腐处理、木杆根削腐涂油、混凝土杆内排水、钢圈除锈、杆塔倾斜扶正以及防护区伐树砍竹、巡线道桥的修补等。大部分的小修作业都不需停电进行。

（2）大修主要是对现有运行线路进行修复或使线路保证原有的机械性能或电气性能和标准，并延长使用寿命，而进行的检修工作。主要包括以下内容：①更换或补强杆塔；②更换或补修导线、架空地线并调整其弧垂；③为了加强绝缘水平而增加绝缘子或更换防型绝缘子；④改善接地装置；⑤加固杆塔基础;⑥更换或增设导、地线防振装置;⑦处理不合格的交叉跨越段以及根据防汛等反事故措施要求调整杆塔位置等。如表 4-3 所示。

表 4-3 架空电力线路大修参考项目

单元名称	一般项目		特殊项目
	常修项目	不常修项目	
杆塔和横担	1. 检查、修理木杆杆根; 2. 检查、修理钢筋混凝土杆缺陷(如杆身裂缝、露筋、孔洞等); 3. 检查整杆和杆根的土; 4. 紧固铁塔螺母; 5. 检查、调整、修理拉线和拉杆; 6. 检查铁塔金属基础和拉线地下部分锈蚀	1. 更换不合格的拉线; 2. 更换不合格的横担及杆塔附件; 3. 横担刷漆	1. 更换不合格的杆塔; 2. 铁塔刷漆; 3. 补装丢失的杆塔附件
导线、避雷线及绝缘子	1. 清扫、测试、更换绝缘子; 2. 检查、修理导线连接器; 3. 补修导线、避雷线; 4. 检查和更换金具; 5. 根据需要调整导线	1. 打开检查、修理防振锤和线夹; 2. 检查、修理导线和避雷线	更换导线和避雷线

续表

单元名称	一般项目		特殊项目
	常修项目	不常修项目	
交叉跨越	处理不符合规程要求的交叉跨越距离		增加杆塔或调整杆塔塔位
接地装置	1. 测量、检查杆塔接地装置的接地电阻和接地体的腐蚀情况； 2. 处理接地电阻不合格的接地装置	修理损坏的接地装置	补装丢失的接地装置
其他	1. 完善防洪、防火、防冻设施； 2. 清除沿线不符合规程要求的障碍物		

（3）改进工程凡属提高线路安全运行性能，提高线路输送容量，改善劳动条件，而对线路进行改进或拆除的检修工作，均属这类工作。改进工程包括：①更换大容导线及进行升、压降损改造；②增建或改建部分线路等。

事故抢修也属于维修工作，但事故抢修考虑的关键是想尽一切办法迅速恢复供电，但一定得注意抢修质量必须符合标准。

（4）事故抢修计划外的检修工作。抢修工作通常由组织好的事故抢修队伍接受命令后如期完成。

2. 带电检修

为减少因检修造成用户停电,而进行的带电检修作业。带电作业方法有间接作业法、等电位作业法和中间电位作业法三种。带电作业项目包括:带电水冲洗及更换绝缘子,绝缘子等值盐密度测试,补修导线,接入或拆除空载线路,调整导线弧垂,更换腐蚀架空地线,带电加高杆塔、更换杆塔、更换导线等。

三、电力线路的维护项目、运行标准和周期

输电线路的维护项目、标准和周期,应按照线路元件的运行状态及巡视和测量的结果确定。其标准项目及周期见表 4-4。

表 4-4　输电线路预防性检查、维护周期表

	项目	周期	备注
1	登杆检查 1～10kV 线路	五年至少一次	木杆、木横担线路每年一次
2	绝缘子清扫或水冲洗: (1)定期清扫 (2)污秽区清扫	每年一次或每年两次	根据线路的污染情况、采取的防污措施,可适当延长或缩短周期

	项目	周期	备注
3	木杆根检查、刷防腐油	每年一次	
4	铁塔金属基础检查	五年一次	发现问题后每年一次
5	盐、碱、低洼地区混凝土杆根部检查	一般五年一次	
6	导线连接线夹检查	五年至少一次	锈后每年一次
7	拉线根部检查、镀锌铁线镀锌拉线棒	三年一次或五年一次	锈后每年一次
8	铁塔和混凝土杆钢圈刷油漆	每3~5年一次	根据油漆脱落情况决定
9	铁塔紧螺栓	五年两次	新线路投入运行一年后需紧一次
10	悬式绝缘子绝缘电阻测试	根据需要	
11	导线弧垂（弛度）、限距及交叉跨越距离测量	根据巡视结果	

四、电力线路检修及抢修工作的组织措施

线路检修工作的组织措施，包括制订计划、检修设计，准备

材料及工具、组织施工及竣工验收等。

1．制订计划

检修计划一般在每年的第三季度进行编制。编制的依据，除按上级有关指示及按大修周期确定的工程外，主要依靠运行人员提供的资料来编制计划，并根据检修工作量的大小、轻重缓急、检修能力、运输条件，检修材料及工具等因素综合考虑，制订出切实可行的检修计划，报主管部门审批。

2．检修设计

(1)检修设计的主要内容：

1)杆塔结构变动情况的图纸；

2)杆塔及导线限距的计算数字；

3)杆塔及导线受力校验；

4)检修施工方案的比较；

5)需要加工的器材及工具的加工图纸；

6)检修施工达到的预期目的及效果。

(2)检修设计依据：

线路检修工作是一项复杂而仔细的工作，必须进行检修设计。即使是事故抢修，在时间允许的条件下，也要进行检修设计。只有当现场情况不明的事故抢修,而时间又极其紧迫需马上到现场处理的检修工作,才可不进行检修设计,但也应由有经验的、工作多年的检修人员到现场决定抢修方案,指挥检修工作。检修工作完成后,还应补画有关的图纸资料,转交运行单位。

每年的检修工作计划,经上级批准后,设计人员即按检修项目进行检修设计。进行检修设计的依据是:

①缺陷记录资料;②运行测试结果;③反事故技术措施;④采用的新技术和新方法;⑤上级颁发的有关技术指示。

3. 准备材料及工器具

线路检修前,应根据检修工作计划的检修项目和材料工器具计划表,准备必要的材料和备品。此外,还应做好检修工作的现场准备。

4. 组织施工

根据施工现场情况及工作需要组织好施工队伍,明确施工检修项目、检修内容。制定检修工作的技术组织措施,采用成熟的先进施工方法,施工中在保证质量的基础上提高施工效率,节约原材料并努力缩短工期或工时。制定安全施工措施,并应明确现场施工中各项工作的安全注意事项,以确保施工安全。

5. 竣工验收

线路的检修或施工,在竣工后或部分竣工后,要进行总的质量检查和验收,然后将有关竣工后的图纸转交运行单位。验收时,要由施工负责人会同有关人员进行竣工验收。对不符合施工质量要求的项目要及时返修,以保证其检修质量。

检修工程的竣工验收工作是一项确保检修工程质量的关键性工作。检修部门或施工单位应贯彻执行三级检查验收制度,即:自我检查验收;班组检查验收;部门检查验收。根据线路施工、检修的特点,一般验收可分下面三个程序检查:

(1)隐蔽部分验收检查。隐蔽部分指竣工后难以检查的工程项目,其完成后所进行的验收,即称为隐蔽工程验收。

(2)中间验收检查。指施工和检修中完成一个或数个施工部分后进行的检查验收。

(3)竣工验收检查。指工程全部或其中一部分施工工序已全部结束而进行的验收检查。

第二节　架空线路常见故障与预防

一、架空输电线路常见故障分析

由于架空线路分布很广，又长期处于露天运行，所以经常会受到周围环境和大自然变化的影响，从而使架空线路在运行中会发生各种各样的故障。据历年运行情况统计，在各种故障中多属于季节性故障。为了防止线路在不同季节发生故障，应有针对性地采取相应的反事故措施，从而保证线路安全运行。

造成线路故障的主要原因包括：

(1)风力过大。风力超过杆塔的机械强度，就会使杆塔歪斜或损坏，并使导线产生振动、跳跃和碰线。

(2)雨量影响。毛毛细雨能使脏污绝缘子发生闪络，甚至损坏绝缘子。倾盆大雨久下不停时，会使河水暴涨或山洪暴发，造成倒杆事故。

(3)冰雪过多。当线路导线、避雷线上出现严重覆冰时，首先是加重导线和杆塔的机械荷载，使导线弧垂过分增大，从而

31

造成混线或断线;当线路导线、避雷线上的覆冰脱落时,又会使导线、避雷线发生跳跃现象,因而引起混线事故。此外,由于瓷瓶或横担上积聚冰雪过多,进而引起绝缘子的闪络事故。

(4)雷电的影响。雷电不仅会使绝缘子发生闪络或击穿,有时还会引起断线等事故。

(5)鸟害。鸟在杆塔上筑巢或杆塔上停落,有时大鸟穿越导线飞翔,均可能造成线路接地或短路等事故。

(6)环境污染。在工业区,特别是化工区或其他有污源地区,所产生的尘污或有害气体,会使绝缘子的绝缘水平显著降低,以致发生闪络事故。有些氧化作用很强的气体,则会腐蚀金属杆塔、导线、避雷器和金具等。

(7)气温变化。空气温度变化时,导线的张力也会变化。在炎热的夏天,由于导线的伸长,使弧垂变大,可能造成交叉跨越处放电事故;而在寒冷的冬天,由于导线收缩,弧垂变小,应力增加,又可能造成断线事故。

除上述各点外,其他造成线路事故的原因还很多。如外力影响的事故,在线路附近放风筝,在导线附近打鸟放枪,在杆塔基础附近挖土以及线路附近有高大树木等。这些都会影响线路正常运行,也可能造成严重的事故。

二、架空输电线路常见故障预防

严格执行线路各种运行、检修制度,切实做好维护和检修工作,认真执行各项反事故技术措施,上述各种事故是可以避免的,可以保证架空线路的安全运行。

1. 电力线路防风

风对线路的危害,除了大风引起倒杆、歪杆、断线等造成架空电力线路停电事故外,还会因风在较低风速或中等风速情况下使导线和避雷线引起振动,发生导线损伤或导线跳跃,造成碰线、混线闪络事故,严重时会因导线振动造成断线、倒杆、断杆事故。

线路防风措施:安装防震锤或加装护线条,减少发生振动的概率。适当调整导线弧垂,降低平均运行应力可减轻导线的振动,加强线路维护,提高安装和检修质量。采取加长导线横担、加强导线间距离等措施。

2. 电力线路雷害

线路上的防雷,可在特殊地段加装、测雷附属设施(如:线路避雷器、磁钢棒、光导纤维、招弧角、可控避雷针、耦合地线等),并建立设备档案及运行记录并密切加以监视,及时记录雷击动作情况。还应建立必要的检修、试验、轮换制度,确保装置运行的可靠性。

对输电线路本体上的防雷设施(绝缘子、避雷线、放电间隙、屏蔽线、接地引下线、接地体等),应按周期进行巡视和检查;及时对损坏的防雷设施加以修复或更换。雷击多发区加强接地电阻的测试,接地电阻有变化时应及时查明原因,进行整改,保证接地装置合格与完好。

3. 电力线路防污

输电线路长期暴露在大自然中,特别是在工业区域和盐碱地区域,输电线路经常受到工业废气或自然界盐碱、粉尘等污染,通常在其表面会形成一定的污秽。在气候干燥的情况下,污秽层的电阻很大,对运行没有危险。但是,当遇到潮湿气候条件下,污秽层被湿润,此时就可能发生污秽闪络。

4. 电力线路防腐蚀

铁塔、混凝土杆以及金属的金属构件都由钢铁材料制成。铁与大气中的氧、二氧化碳、酸和盐等物质极易产生化学反应,俗称生锈。塔材在锈蚀后,截面迅速减小,强度降低,造成倒杆、断线事故。绝缘子悬挂点,塔材锈蚀物随雨水淌到绝缘子上,会大大降低其绝缘强度,引发污秽闪络事故。

利用电镀或热度锌,可以在钢铁的外层包裹上一层化学性质稳定、不易发生腐蚀的金属锌,从而使其同大气中的有害成分隔绝,达到防止腐蚀的目的。另外,还可以在镀锌塔材表面涂刷一层防化学腐蚀的油漆,以达到防腐的目的。

5. 电力线路防止鸟害

鸟类在输电线路杆塔上叼树枝、铁丝、柴草等物筑巢,当铁丝或鸟巢等物落在横担与导线之间,会造成线路故障。体形较大的鸟类或鸟类争斗时飞行在导线间可能造成相间短路或单相接地故障。鸟在绝缘子上方排泄,粪便会沿绝缘子串下淌,在空气潮湿、大雾时易发生闪络或造成单相接地。

防鸟害,一是加装防鸟器和防鸟罩办法,限制了鸟类在输电线路上活动的范围;二是彻底拆掉鸟巢,根据鸟类的恋居性,经常在同一地点反复筑巢的特点,做到随筑随拆,迫使鸟类迁移;三是根据鸟害出现的季节性,制订巡视周期,在鸟害高发期,针对严重区域增加巡视,缩短巡视周期。

6. 电力线防止路外力破坏

输电线路遭受外力破坏往往是难以预测或突然发生的,其危害性很大。

为防止人为故意破坏,应对易于发生人为故意破坏的线路或区段加强线路巡视,必要时可缩短巡视周期或增加特巡,及时掌握邻近或进入保护区内出现的各种施工作业(建筑施工、种植树木等)情况;在铁塔主材各接头部位的螺栓、距地面以上一定高度(至少8m)以内及拉线下部的螺栓,应采用防盗螺栓或其他防盗措施;加强电力设施保护的宣传,使《电力法》《电力设施保护条例》及《电力设施保护条例实施细则》等法律法规广为人知;建立健全群众护线制度,明确群众护线员职责并落实报酬,充分发挥其作用;配合地方政府堵塞销赃渠道,在必要地方及线路附近或杆塔上加挂警告牌或宣传告示。

第三节　架空线路典型检修项目

一、架空线路缺陷和隐患分类

输电线路在运行过程中,随着线路周围环境情况、天气情况等变化,可能产生线路缺陷,这些缺陷将影响线路的安全运行。输电线路缺陷按其严重程度分为一般缺陷、重大缺陷和紧急缺陷三类。

1. 一般缺陷

一般缺陷是对线路运行虽有影响，但尚能坚持安全运行的缺陷。一般缺陷主要包括：

- 防护区内有谷物场、零星草堆或小型建筑物存在；
- 在规定的基础范围内取土取石；
- 在基础周围有积水或水土流失；
- 基础或拉线下把被土埋没；
- 基础的保护帽被破坏；
- 接地线被盗一根或接地网外露；
- 个别杆塔接地线未与塔身连接；
- 拉线受力不均匀；
- 铁塔缺个别斜材、螺栓、螺帽、脚钉等；
- 横担、绝缘子串悬挂点处有鸟巢、蜂窝；
- 导线绝缘子有一片破损、裂纹或烧伤；
- 悬垂绝缘子串倾斜；
- 间隔棒掉爪或爪子松动；
- 导线、良导体避雷线的铝股损伤或断一股。

2. 重大缺陷

重大缺陷是对线路安全、经济运行影响较大,但能坚持短期运行,不及时处理可能发展为紧急缺陷的缺陷。重大缺陷主要包括:

· 线路附近有影响线路安全运行的采石场或易燃易爆物品仓库;

· 线路基础或铁塔上方有险石,滚落时可能损伤到线路基础或铁塔;

· 线路基础边坡不稳定,经常被水冲刷造成塌方或基础严重积水;

· 杆塔有倾斜、沉陷或上拔现象;

· 线路拉线连续二基被盗或断开;

· 拉线受力严重不均匀;

· 拉线金具严重锈蚀或断股;

· 倾斜、横担歪斜或下垂、主材弯曲变形;

· 塔材被盗三根以上;

· 主材包钢或主要受力构件连接处缺螺栓占该处螺栓总数的三分之一以上;

· 绝缘子串弹簧销子,导线、避雷线挂线金具上穿钉和开

口销子、螺杆有脱落的可能,跳线连接处螺栓松动,压板有温升,跳线对拉线或杆塔空气间隙小于规程距离;

· 绝缘子或绝缘子串破损,一串绝缘子串上绝缘子盐密超标;

· 导线、避雷器弧垂正负误差,三相不平衡值在档距为400m及以下时大于200mm,在档距为400m以上大于500mm;

· 良导体避雷器铝股断二股;避雷线钢线断一股;

· 树木及建筑物的距离小于规范的规定,且减少量不大于20%;

· 线路对地及交叉跨越物的距离不满足规范要求;

· 电杆有多处裂纹,长度大于1.5m,宽度超过2mm或多处露筋,对电杆强度有较大影响。

3. 紧急缺陷

紧急缺陷是线路对人身或设备有严重威胁,不及时处理可能造成事故的缺陷。紧急缺陷主要包括:

· 基础经常遭受洪水冲刷或淹没,致使基础外露,出现不稳定现象或已经倾斜;

· 杆塔基础或拉线基础已经明显上拔或沉陷,并有发展趋势;

• 现浇混凝土基础的主柱出现严重裂缝；基础钢筋外露且已锈蚀；

• 一根拉线或拉线下把丢失或被解除；

• 杆塔上悬挂有可能造成接地短路的铁丝、绳线或其他异物；

• 导线绝缘子破损或瓷裙裂纹（一串绝缘子串中 35～110kV 一片、220kV 二片、500kV 三片及以上）；

• 导线、避雷线上悬挂有较长的铁丝、绳线或其他异物；

• 子导线线夹未就位、未固定或金具严重锈蚀、断裂或缺件；

• 分裂导线打绞；

• 导线、良导体避雷线的铝股断三股及以上；避雷线钢线断二股及以上；

• 导线对树木及建筑物的距离小于规范的规定，且减少量大于 20%，不大于 40%；

• 导线、避雷线压接管明显抽出或发热变色；

• 跳线连接点温度超过允许值，且已变色。

二、典型检修项目

1. 导地线的检修

(1)导地线检修的要求

• 导地线的连接必须使用与之配套的接续管及耐张线夹。连接后的握着强度在架线施工前应进行试件试验,试件不得少于3组(允许接续管与耐张线夹合为一组试件),其试验握着强度对液压及爆压都不得小于导地线保证计算拉断力的95%。

• 导地线修补、切断重接后,新部件的强度和参数不得低于原设计要求。导地线切断重接工作应事先取连接试件做机电性能试验,试验合格后方可在检修施工中应用。小截面导线采用螺栓式耐张线夹及钳接管连接时,其试件应分别制作。螺栓式耐张线夹握着强度不得小于导线保证计算拉断力的90%。钳接管连接握着强度不得小于导线保证计算拉断力的95%。地线连接握着强度应与导线相对应。

• 不同材质、不同规格、不同绞制方向的导地线严禁在一个耐张段内连接。

• 在一个档距内每根导地线上只允许有一个接续管和三个补修管,当张力放线时不应超过两个补修管,并应满足下列规定:接续管或补修管与耐张线夹间的距离不应小于15m;接续管或补修管与悬垂线夹的距离不应小于5m;接续管或补修管与间隔棒的距离不宜小于0.5m;宜减少因损伤而增加的接续管;进行导地线更换或调整弧垂时,应进行应力计算,并根据导地线型号、牵引张力正确选用工器具和设备;导地线弧垂调整后,应满足DL/T 741—2019架空输电线路运行规程要求。

(2)导地线检修的项目

• 打开线夹检查:线路发生雷害、污闪、导地线覆冰、导地线舞动等异常情况时,应对异常区段内的导地线线夹进行重点检查;线路长期输送大负荷时,应适时打开线夹抽查;线路运行年限较长或高差较大者,应根据运行情况打开线夹检查。

• 导线打磨处理线伤:导线在同一处的损伤同时符合卜述情况时,可不作补修,只将损伤处棱角与毛刺用0♯砂纸磨光:铝、铝合金绞线单丝损伤深度小于直径的1/2;钢芯铝绞线及钢芯铝合金绞线损伤截面积为导电部分截面积的5%及以下;单金属绞线损伤截面积为4%及以下。

• 单丝缠绕处理导地线损伤:将受伤处线股处理平整;导地线缠绕材料应与被修理导地线的材质相适应,缠绕紧密,并将受伤部分全部覆盖,距损伤部位边缘单边长度不得小于 50mm。

· 补修预绞丝处理导线损伤:将受伤处线股处理平整;补修预绞丝长度不得小于 3 个节距,并符合 GB 2337—1985 的规定;补修预绞丝应与导线接触紧密,其中心应位于损伤最严重处,并应将损伤部位全部覆盖。

· 补修管修补导地线损伤:将损伤处的线股恢复原绞制状态;补修管应完全覆盖损伤部位,其中心位于损伤最严重处,两端应超出损伤部位边缘 20mm 以上;补修管可采用液压或爆压。其操作必须符合 SDJ-226—1987《架空送电线路导线及避雷线液压施工工艺规程》、SDJ-276—1990《架空电力线外爆压接施工工艺规程》的规定。

· 导线在同一处损伤符合下述情况之一时,必须切断重接:导线损伤的截面积超过采用补修管补修范围的规定时;连续损伤的截面积没有超过补修管补修的规定,但其损伤长度已超过补修管的补修范围;金钩、破股使钢芯或内层铝股形成无法修复的永久变形。

· 切割导线铝股时严禁伤及钢芯。导地线的连接部分不得有线股绞制不良、断股、缺股等缺陷。连接后管口附近不得有明显的松股现象。

- 采用钳接或液压连接导线时，应使用导电脂。

2. 基础检修

(1)装配式基础、洪水冲刷严重的基础需要加固(或防腐)时，应事先打好杆塔临时拉线。

(2)修补、补强基础时，混凝土中严禁掺入氯盐，不同品种的水泥不应在同一个基础腿中同时使用。

3. 绝缘子检修

(1)检查：各连接金属销有无脱落、锈蚀，钢帽、钢脚有无偏斜、裂纹、变形或锈蚀现象；瓷质(玻璃、瓷棒)绝缘子有无闪络、裂纹、灼伤、破损等痕迹；复合绝缘子有无伞裙损伤、端部密封不良等情况。

(2)清扫：绝缘子清扫一般采用停电清扫和带电清扫两种方式；瓷质(玻璃)绝缘子停电清扫应逐片进行，对有污垢严重的绝缘子应使用清洗剂进行擦拭。

(3)更换：新更换的绝缘子应完好无损、表面清洁，瓷绝缘子的绝缘电阻宜用 5000V 绝缘摇表进行测量，电阻值应大于 500mΩ；绝缘子串钢帽、绝缘体、钢脚应在同一轴线上，销子齐全完好、开口方向与原线路一致；复合绝缘子更换时，应用软质绳索吊装,严禁踩踏、挤压;更换绝缘子片(串)前,应做好防止导地线脱落的保护措施。

(4)验收:绝缘子清扫、更换完成后,必须按规定进行验收,合格后方可恢复运行。

三、架空输电线路停电检修现场作业程序

1. 110~220kV 架空送电线路停电更换架空导线悬垂线夹(见表 4-5)

表 4-5　架空送电线路停电更换架空导线是垂线夹工作流程

序号	作业内容	作业工序	工艺标准和要求
1	工作许可	办理停电许可手续	1)向调度值班员或工区值班员办理停电许可手续; 2)工作负责人将许可停电的时间、许可人记录在工作票,并签名
2	核对现场	a)核对线路双重命名、杆塔号; b)核对现场情况; c)召开现场班会	1)由登塔人员核对线路双重命名、杆塔号,工作负责人(监护人)确认; 2)由工作负责人(监护人)核对现场情况; 3)工作负责人在开工前召集工作人员召开现场班前会,再次交代工作任务、安全措施,检查工器具是否完备和人员精神状况是否良好

续表

序号	作业内容	作业工序	工艺标准和要求
3	登塔	a)塔上作业人员身背传递绳沿脚钉上塔,登塔工作; b)工作负责人(监护人)严格监护	1)登塔前正确佩戴个人安全用具,杆塔有防坠装置的,应使用防坠装置,登塔过程中,双手不得携带物品。杆塔上人员,必须正确使用安全带(绳),在杆塔上作业转位时,不得失去安全带(绳)保护
4	验电接地	a)地面作业人员将验电器及接地线分别传递上塔; b)塔上作业人员逐相验电、验明线路确无电压后,挂牢接地线,先挂接地端后挂导线端	1)验电应使用相应电压等级、合格的接触式验电器; 2)验电时人体应与被验电设备保持1.5m(110kV)、3.0m(220kV)以上的安全距离,并设专人监护,使用伸缩式验电器时应保证绝缘的有效长度; 3)对同杆塔架设的多层电力线路进行验电时,先验低压、后验高压、先验下层、后验上层、先验近侧、后验远侧,挂设接地线时相同次序; 4)线路经验明确无电压后,应立即在每相装设接地线,挂接地线应在监护下进行;

序号	作业内容	作业工序	工艺标准和要求
			5)接地线应用有透明护套的多股软铜线组成,其截面不得小于25mm²,接地线应使用专用的线夹固定在导线上,严禁用缠绕的方法进行接地或短路; 6)装设接地线应先接接地端,后接导线端,接地线应接触良好,连接可靠,装接地线均应使用绝缘棒或专用的绝缘绳,人体不得碰触接地线或未接地的导线; 7)在同塔架设多回路杆塔的停电线路上装设的接地线,应采取措施防止接地线摆动
5	更换导线悬垂线夹	a)接地线挂设完毕,工作负责人许可后,塔上作业人员带传递绳沿脚钉上塔; b)在适当的位置固定传递滑车,由地面作业人员传上个人保安线并准确挂设; c)地面作业人员将双钩、导线保护绳、钢丝绳套传递上塔;	

续表

序号	作业内容	作业工序	工艺标准和要求
		d) 一名塔上作业人员沿绝缘子下导线(合成绝缘子须沿软梯或硬梯下导线),另一名塔上作业人员做好导线后备保护并在横担配合; e) 两名杆上作业人员配合,用双钩提升导线; f) 松开线夹的U形螺栓,打开线夹挂板螺栓,取下旧线夹; g) 地面作业人员将新导线线夹传递上塔; h) 打开新线夹挂板,在原挂点位置装好新线夹,紧固U形螺栓,检查螺栓、垫片及销针是否缺少,螺栓把弹簧垫片紧固平为止; i) 松开双钩后取下并拆除导线保护绳、个人保安线,并传递到地面	1) 塔上作业人员必须系好安全带,更换过程中安全带不得系在绝缘子或导线上,脚踩稳后方可工作; 2) 导线保护绳的长度不能过长; 3) 提升导线前检查双钩连接是否牢固,提升导线的同时,注意双钩不要伤及绝缘子; 4)在工作中使用的工具、材料必须用绳索传递,不得抛扔; 5)双钩操作要缓慢,检查金具有无异常情况

48

续表

序号	作业内容	作业工序	工艺标准和要求
6	拆除接地线	a) 塔上作业人员检查设备上有无遗漏的工具材料,全部下塔至地面,向工作负责人汇报工作完成; b) 工作负责人下令可拆除接地线,拆除后检查塔上确无遗漏的工具、材料,确认无问题后带传递绳下塔	1) 塔上作业人员确认杆塔上工具材料已拆除干净,塔上无遗留物,工作负责人下令拆除接地线; 2) 拆除接地线应先拆导线端,后拆接地端,拆装接地线均应使用绝缘棒或专用的绝缘绳,人体不得碰触接地线或未接地的导线; 3) 对同杆塔架设的多层电力线路进行拆除接地线时,拆除时次序与先挂设相反; 4) 接地线拆除后,应即认为线路带电,不准任何人再进行工作
7	下塔	a) 检查杆塔上无遗留物; b) 下塔返回地面; c) 工作负责人严格监护	1) 确认杆塔上无遗留物; 2) 下塔时,杆塔有防坠装置的,应使用防坠装置,下塔过程中,双手不得携带物品; 3) 监护人专责监护

续表

序号	作业内容	作业工序	工艺标准和要求
8	工作终结	a)清理地面工作现场； b)工作负责人全面检查工作完成情况,确认无误后签字撤离现场； c)工作负责人向调度（工作许可人）汇报,履行工作终结手续	确认工器具均已收齐,工作现场做到"工完、料净、场地清"
9	自检记录	a)更换的零部件； b)发现的问题及处理情况； c)验收结论	

2. 110～220kV 架空送电线路停电更换架空地线线夹（见表 4-6）

表 4-6 更换架空地线线夹工作流程

序号	作业内容	作业工序	工艺标准和要求
1	工作许可	办理停电许可手续	1)向调度值班员或工区值班员办理停电许可手续； 2)工作负责人将许可停电的时间、许可人记录在工作票，并签名
2	核对现场	a)核对线路双重命名、杆塔号； b)核对现场情况； c)召开现场班会	1)由登塔人员核对线路双重命名、杆塔号，工作负责人（监护人）确认； 2)由工作负责人（监护人）核对现场情况； 3)工作负责人在开工前召集工作人员召开现场班前会，再次交代工作任务、安全措施，检查工器具是否完备和人员精神状况是否良好
3	登塔	a)塔上作业人员身背传递绳沿脚钉上塔，登塔工作； b)工作负责人（监护人）严格监护	1)登塔前正确佩戴个人安全用具，杆塔有防坠装置的，应使用防坠装置，登塔过程中，双手不得携带物品。杆塔上人员，必须正确使用安全带（绳），在杆塔上作业转位时，不得失去安全带（绳）保护

续表

序号	作业内容	作业工序	工艺标准和要求
4	验电接地	a) 地面作业人员将验电器及接地线分别传递上塔； b) 塔上作业人员逐相验电、验明线路确无电压后，挂牢接地线，先挂接地端后挂导线端	1) 验电应使用相应电压等级、合格的接触式验电器； 2) 验电时人体应与被验电设备保持 1.5m(110kV)、3.0m(220kV)以上的安全距离，并设专人监护，使用伸缩式验电器时应保证绝缘的有效长度； 3) 对同杆塔架设的多层电力线路进行验电时，先验低压、后验高压、先验下层、后验上层、先验近侧、后验远侧，挂设接地线时相同次序； 4) 线路经验明确无电压后，应立即在每相装设接地线，挂接地线应在监护下进行； 5) 接地线应用有透明护套的多股软铜线组成，其截面不得小于25mm²，接地线应使用专用的线夹固定在导线上，严禁用缠绕的方法进行接地或短路； 6) 装设接地线应先接接地端，后接导线端，接地线应接触良好，连接可靠，装接地线均应使用绝缘棒或专用的绝缘绳，人体不得碰触接地线或未接地的导线； 7) 在同塔架设多回路杆塔的停电线路上装设的接地线，应采取措施防止接地线摆动

序号	作业内容	作业工序	工艺标准和要求
5	更换地线悬垂线夹	a) 接地线挂设完毕,工作负责人许可后,塔上作业人员带传递绳沿脚钉上塔; b) 在适当的位置固定传递滑车,由地面作业人员传上个人保安线并准确挂设; c) 地面作业人员将地线保护绳传递上塔,塔上作业人员连接保护绳; d) 将地线提升器打开,固定在塔身,托住地线,检查无误后提升地线; e) 松开线夹的 U 形螺栓,打开线夹挂板螺栓,取下旧线夹; f) 地面作业人员将新地线线夹传递上塔; g) 打开新线夹挂板,在原挂点位置装好新线夹,紧固 U 形螺栓,检查螺栓、垫片及销针是否缺少,螺栓把弹簧垫片紧固平为止; h) 松地线提升器后取下并拆除地线保护绳,并传递到地面	1) 塔上作业人员必须系好安全带,脚踩稳后方可工作; 2) 更换地线悬垂线夹过程中要做好防止感应电的保护措施; 3) 地线保护绳的长度不能过长; 4) 提升地线前检查丝杠连接是否牢固,提升架空地线的同时,注意保持丝杠不妨碍拆、卸线夹的距离; 5) 在工作中使用的工具、材料必须用绳索传递,不得抛扔; 6) 操作要缓慢,检查金具有无异常情况

续表

序号	作业内容	作业工序	工艺标准和要求
6	拆除接地线	a) 塔上作业人员检查设备上有无遗漏的工具材料，全部下塔至地面，向工作负责人汇报工作完成； b) 工作负责人下令可拆除接地线，拆除后检查塔上确无遗漏的工具、材料，确认无问题后带传递绳下塔	1) 塔上作业人员确认杆塔上工具材料已拆除干净，塔上无遗留物，工作负责人下令拆除接地线； 2) 拆除接地线应先拆导线端，后拆接地端，拆装接地线均应使用绝缘棒或专用的绝缘绳，人体不得碰触接地线或未接地的导线； 3) 对同杆塔架设的多层电力线路进行拆除接地线时，拆除时次序与先挂设的相反； 4) 接地线拆除后，应即认为线路带电，不准任何人再进行工作
7	下塔	a) 检查杆塔上无遗留物； b) 下塔返回地面； c) 工作负责人严格监护	1) 确认杆塔上无遗留物； 2) 下塔时，杆塔有防坠装置的，应使用防坠装置，下塔过程中，双手不得携带物品； 3) 监护人专责监护
8	工作终结	a) 清理地面工作现场； b) 工作负责人全面检查工作完成情况，确认无误后签字撤离现场； c) 工作负责人向调度（工作许可人）汇报，履行工作终结手续	确认工器具均已收齐，工作现场做到"工完、料净、场地清"
9	自检记录	a) 更换的零部件； b) 发现的问题及处理情况； c) 验收结论	

3. 110～220kV架空送电线路停电调整架空导线或地线弛度(表4-7)

表 4-7 调整导、地线弛度工作流程

序号	作业内容	作业工序	工艺标准和要求
1	工作许可	办理停电许可手续	1)向调度值班员或工区值班员办理停电许可手续; 2)工作负责人将许可停电的时间、许可人记录在工作票,并签名
2	核对现场	a)核对线路双重命名、杆塔号; b)核对现场情况; c)召开现场班会	1)由登塔人员核对线路双重命名、杆塔号,工作负责人(监护人)确认; 2)由工作负责人(监护人)核对现场情况; 3)工作负责人在开工前召集工作人员召开现场班前会,再次交代工作任务、安全措施,检查工器具是否完备和人员精神状况是否良好
3	登塔	a)塔上作业人员身背传递绳沿脚钉上塔,登塔工作; b)工作负责人(监护人)严格监护	1)登塔前正确佩戴个人安全用具,杆塔有防坠装置的,应使用防坠装置,登塔过程中,双手不得携带物品。杆塔上人员,必须正确使用安全带(绳),在杆塔上作业转位时,不得失去安全带(绳)保护

续表

序号	作业内容	作业工序	工艺标准和要求
4	验电接地	a）地面作业人员将验电器及接地线分别传递上塔； b）塔上作业人员逐相验电、验明线路确无电压后，挂牢接地线，先挂接地端后挂导线端	1）验电应使用相应电压等级、合格的接触式验电器； 2）验电时人体应与被验电设备保持 1.5m（110kV）、3.0m（220kV）以上的安全距离，并设专人监护，使用伸缩式验电器时应保证绝缘的有效长度； 3）对同杆塔架设的多层电力线路进行验电时，先验低压、后验高压、先验下层、后验上层、先验近侧、后验远侧，挂设接地线时相同次序； 4）线路经验明确无电压后，应立即在每相装设接地线，挂接地线应在监护下进行； 5）接地线应用有透明护套的多股软铜线组成，其截面不得小于 25mm²，接地线应使用专用的线夹固定在导线上，严禁用缠绕的方法进行接地或短路； 6）装设接地线应先接接地端，后接导线端，接地线应接触良好、连接可靠，装接地线均应使用绝缘棒或专用的绝缘绳，人体不得碰触接地线或未接地的导线； 7）在同塔架设多回路杆塔的停电线路上装设的接地线，应采取措施防止接地线摆动

序号	作业内容	作业工序	工艺标准和要求
5	收紧导（地）线	a) 接地线挂设完毕,工作负责人许可后,塔上作业人员带传递绳沿脚钉上塔; b) 在适当的位置固定传递滑车,由地面作业人员传上个人保安线并准确挂设; c) 地面作业人员将地线保护绳传递上塔,塔上作业人员连接保护绳; d) 吊上链条葫芦和紧线器与导线（地线）连接; e) 利用链条葫芦收紧导线（地线）; f) 利用调整板（或加适当的金具）与观察弛度人员配合对弛度调整到所要求的位置; g) 观察弛度人员对弛度进行复检,无误后,拆除链条葫芦并对直线杆进行过线; h) 检查耐张段两侧导线跳线距离是否符合设计要求	1) 要事先确定观测档,确定观测弧垂的方式,如有必要,先要对整个耐张段的直线杆进行过线; 2) 塔上作业人员必须系好安全带,脚踩稳后方可工作; 3) 在工作中使用的工具、材料必须用绳索传递,不得抛扔; 4) 对于 5 档以下的耐张段,可选择靠近中间的在档距观测弛度;对于 6—12 档的耐张段,至少选择两档,且靠近两端的大档距观测弛度)在工作中使用的工具、材料必须用绳索传递,不得抛扔; 5) 操作要缓慢,检查金具、葫芦有无异常情况; 6) 调整导地线弛度过程中要做好防止感应电的保护措施

续表

序号	作业内容	作业工序	工艺标准和要求
6	拆除接地线	a) 塔上作业人员检查设备上有无遗漏的工具材料,全部下塔至地面,向工作负责人汇报工作完成; b) 工作负责人下令可拆除接地线,拆除后检查塔上确无遗漏的工具、材料,确认无问题后带传递绳下塔	1) 塔上作业人员确认杆塔上工具材料已拆除干净,塔上无遗留物,工作负责人下令拆除接地线; 2) 拆除接地线应先拆导线端,后拆接地端,拆装接地线均应使用绝缘棒或专用的绝缘绳,人体不得碰触接地线或未接地的导线; 3) 对同杆塔架设的多层电力线路进行拆除接地线时,拆除时次序与先挂设相反; 4) 接地线拆除后,应即认为线路带电,不准任何人再进行工作
7	下塔	a) 检查杆塔上无遗留物; b) 下塔返回地面; c) 工作负责人严格监护	1) 确认杆塔上无遗留物; 2) 下塔时,杆塔有防坠装置的,应使用防坠装置,下塔过程中,双手不得携带物品; 3) 监护人专责监护
8	工作终结	a) 清理地面工作现场; b) 工作负责人全面检查工作完成情况,确认无误后签字撤离现场; c) 工作负责人向调度(工作许可人)汇报,履行工作终结手续	确认工器具均已收齐,工作现场做到"工完、料净、场地清"
9	自检记录	a) 更换的零部件; b) 发现的问题及处理情况; c) 验收结论	

4. 110～220kV 架空送电线路停电更换架空地线顶架（见表 4-8）

表 4-8 停电更换地线顶架流程

序号	作业内容	作业工序	工艺标准和要求
1	工作许可	办理停电许可手续	1)向调度值班员或工区值班员办理停电许可手续； 2)工作负责人将许可停电的时间、许可人记录在工作票,并签名
2	核对现场	a)核对线路双重命名、杆塔号； b)核对现场情况； c)召开现场班会	1)由登塔人员核对线路双重命名、杆塔号,工作负责人(监护人)确认； 2)由工作负责人(监护人)核对现场情况； 3)工作负责人在开工前召集工作人员召开现场班前会,再次交代工作任务、安全措施,检查工器具是否完备和人员精神状况是否良好
3	登塔	a)塔上作业人员身背传递绳沿脚钉上塔,登塔工作； b)工作负责人(监护人)严格监护	登塔前正确佩戴个人安全用具,杆塔有防坠装置的,应使用防坠装置,登塔过程中,双手不得携带物品。杆塔上人员,必须正确使用安全带(绳),在杆塔上作业转位时,不得失去安全带(绳)保护

续表

序号	作业内容	作业工序	工艺标准和要求
4	验电接地	a）地面作业人员将验电器及接地线分别传递上塔； b）塔上作业人员逐相验电、验明线路确无电压后，挂牢接地线，先挂接地端后挂导线端	1）验电应使用相应电压等级、合格的接触式验电器； 2）验电时人体应与被验电设备保持 1.5m（110kV）、3.0m（220kV）以上的安全距离，并设专人监护，使用伸缩式验电器时应保证绝缘的有效长度； 3）对同杆塔架设的多层电力线路进行验电时，先验低压、后验高压、先验下层、后验上层、先验近侧、后验远侧，挂设接地线时相同次序； 4）线路经验明确无电压后，应立即在每相装设接地线，挂接地线应在监护下进行； 5）接地线应用有透明护套的多股软铜线组成，其截面不得小于 25mm²，接地线应使用专用的线夹固定在导线上，严禁用缠绕的方法进行接地或短路； 6）装设接地线应先接接地端，后接导线端，接地线应接触良好，连接可靠，装接地线均应使用绝缘棒或专用的绝缘绳，人体不得碰触接地线或未接地的导线； 7）在同塔架设多回路杆塔的停电线路上装设的接地线，应采取措施防止接地线摆动

序号	作业内容	作业工序	工艺标准和要求
5	更换地线顶架	a) 接地线挂设完毕,工作负责人许可后,塔上作业人员带传递绳沿脚钉上塔; b) 在适当的位置固定传递滑车,由地面作业人员传上个人保安线并准确挂设; c) 地面作业人员将铝合金抱杆传递上塔,塔上作业人员将铝合金抱杆固定在塔身; d) 地面作业人员将地线保护绳传递上塔,塔上作业人员连接保护绳; e) 将地线提升器传递上塔并打开,固定在铝合金抱杆,托住地线,检查无误后提升地线; f) 打开线夹挂板螺栓,松开地线。拆除旧地线顶架; g) 地面作业人员将新地线顶架传递上塔; h) 在原位置装好新地线顶架,紧固螺栓,将地线重新挂到地线挂点。检查安装是否正确、到位; i) 地线提升器后取下,并传递到地面; j) 拆除地线保护绳及铝合金抱杆,并传递到地面	1)要事先确定观测档,确定观测弧垂的方式,如有必要,先要对整个耐张段的直线杆进行过线; 2)塔上作业人员必须系好安全带,脚踩稳后方可工作; 3)在工作中使用的工具、材料必须用绳索传递,不得抛扔; 4)在工作中使用的工具、材料必须用绳索传递,不得抛扔; 5)操作要缓慢,检查金具、葫芦有无异常情况

续表

序号	作业内容	作业工序	工艺标准和要求
6	拆除接地线	a) 塔上作业人员检查设备上有无遗漏的工具材料,全部下塔至地面,向工作负责人汇报工作完成; b) 工作负责人下令可拆除接地线,拆除后检查塔上确无遗漏的工具、材料,确认无问题后带传递绳下塔	1) 塔上作业人员确认杆塔上工具材料已拆除干净,塔上无遗留物,工作负责人下令拆除接地线; 2) 拆除接地线应先拆导线端,后拆接地端,拆装接地线均应使用绝缘棒或专用的绝缘绳,人体不得碰触接地线或未接地的导线; 3) 对同杆塔架设的多层电力线路进行拆除接地线时,拆除时次序与先挂设相反; 4) 接地线拆除后,应即认为线路带电,不准任何人在进行工作
7	下塔	a) 检查杆塔上无遗留物; b) 下塔返回地面; c) 工作负责人严格监护	1) 确认杆塔上无遗留物; 2) 下塔时,杆塔有防坠装置的,应使用防坠装置,下塔过程中,双手不得携带物品; 3) 监护人专责监护
8	工作终结	a) 清理地面工作现场; b) 工作负责人全面检查工作完成情况,确认无误后签字撤离现场; c) 工作负责人向调度(工作许可人)汇报,履行工作终结手续	确认工器具均已收齐,工作现场做到"工完、料净、场地清"
9	自检记录	a) 更换的零部件; b) 发现的问题及处理情况; c) 验收结论	

5. 110～220kV 架空送电线路停电更换直线杆塔单片绝缘子(表 4-9)

表 4-9　停电更换直线杆塔单片绝缘子工作流程

序号	作业内容	作业工序	工艺标准和要求
1	工作许可	办理停电许可手续	1) 向调度值班员或工区值班员办理停电许可手续; 2) 工作负责人将许可停电的时间、许可人记录在工作票,并签名
2	核对现场	a) 核对线路双重命名、杆塔号; b) 核对现场情况; c) 召开现场班会	1) 由登塔人员核对线路双重命名、杆塔号,工作负责人(监护人)确认; 2) 由工作负责人(监护人)核对现场情况; 3) 工作负责人在开工前召集工作人员召开现场班前会,再次交代工作任务、安全措施及注意事项,检查工器具是否完备和人员精神状况是否良好。
3	登塔	a) 塔上作业人员身背传递绳沿脚钉上塔,登塔工作; b) 工作负责人(监护人)严格监护	1) 登塔前正确佩戴个人安全用具,杆塔有防坠装置的,应使用防坠装置,登塔过程中,双手不得携带物品; 2) 杆上人员,必须正确使用安全带(绳),在杆塔上作业转位时,不得失去安全带(绳)保护

续表

序号	作业内容	作业工序	工艺标准和要求
4	验电接地	a) 地面作业人员将验电器及接地线分别传递上塔; b) 塔上作业人员逐相验电、验明线路确无电压后,挂牢接地线,先挂接地端后挂导线端	1) 验电应使用相应电压等级、合格的接触式验电器; 2) 验电时人体应与被验电设备保持 1.5m(110kV)、3.0m(220kV) 以上的安全距离,并设专人监护,使用伸缩式验电器时应保证绝缘的有效长度; 3) 对同杆塔架设的多层电力线路进行验电时,先验低压、后验高压、先验下层、后验上层、先验近侧、后验远侧,挂设接地线时相同次序; 4) 线路经验明确无电压后,应立即在每相装设接地线,挂接地线应在监护下进行; 5) 接地线应用有透明护套的多股软铜线组成,其截面不得小于 25mm²,接地线应使用专用的线夹固定在导线上,严禁用缠绕的方法进行接地或短路; 6) 装设接地线应先接接地端,后接导线端,接地线应接触良好,连接可靠,装接地线均应使用绝缘棒或专用的绝缘绳,人体不得碰触接地线或未接地的导线; 7) 在同塔架设多回路杆塔的停电线路上装设的接地线,应采取措施防止接地线摆动

序号	作业内容	作业工序	工艺标准和要求
5	绝缘子更换	a)1号作业人员带上传递绳、个人保安线登上杆塔后,站好位置,系好安全带,挂好个人保安线,并将传递绳用滑车挂在横担主铁恰当位置上,同时2号作业人员上杆塔,将卡具、保护钢丝绳等吊上; b)做好防止导线脱落的后备保护措施; c)用配套卡具卡住待更换绝缘子的准确位置,确保连接紧密、螺栓拧紧; d)收紧卡具的丝杠,使需更换的绝缘子松弛; e)取出需更换绝缘子两端W(R)销,将需更换绝缘子取出后用传递绳吊下; f)用传递绳吊上新绝缘子,并安装就位; g)松开卡具的丝杠,拆除卡具,更换工作结束; h)作业结束后,经检查无误,可依次吊下相应的工器具,并拆除个人保安线	1)新更换的绝缘子与被更换的绝缘子型号、规格、长度必须一致; 2)绝缘子安装前应逐个将表面及裙槽清擦干净,并应进行外观检查,应表面完好无裂纹,无缺损,铁帽、球脚不弯曲,W销必须齐全,在安装好W销的情况下,上面只的球头不能从碗口中脱出; 3)新更换的绝缘子,爬距应能满足该地区污秽等级的要求; 4)更换绝缘子时,严禁卡具和绝缘子瓷裙接触,以防止损坏绝缘子; 5)在松紧卡具丝杠时,应防止其击打绝缘子

续表

序号	作业内容	作业工序	工艺标准和要求
6	拆除接地线	a) 塔上作业人员检查设备上有无遗漏的工具材料,全部下塔至地面,向工作负责人汇报工作完成; b) 工作负责人下令可拆除接地线,拆除后检查塔上确无遗漏的工具、材料,确认无问题后带传递绳下塔	1) 塔上作业人员确认杆塔上工具材料已拆除干净,塔上无遗留物,工作负责人下令拆除接地线; 2) 拆除接地线应先拆导线端,后拆接地端,拆装接地线均应使用绝缘棒或专用的绝缘绳,人体不得碰触接地线或未接地的导线; 3) 对同杆塔架设的多层电力线路进行拆除接地线时,拆除时次序与先挂设相反; 4) 接地线拆除后,应即认为线路带电,不准任何人再进行工作
7	下塔	a) 检查杆塔上有无遗留物; b) 下塔返回地面; c) 工作负责人严格监护	1) 确认杆塔上无遗留物; 2) 下塔时,杆塔有防坠装置的,应使用防坠装置,下塔过程中,双手不得携带物品; 3) 监护人专责监护
8	工作终结	a) 清理地面工作现场; b) 工作负责人全面检查工作完成情况,确认无误后签字撤离现场; c) 工作负责人向调度(工作许可人)汇报,履行工作终结手续	确认工器具均已收齐,工作现场做到"工完、料净、场地清"
9	自检记录	a) 更换的零部件; b) 发现的问题及处理情况; c) 验收结论	

6. 110~220kV架空送电线路停电更换直线杆塔整串绝缘子(见表4-10)

表4-10 更换直线杆塔整串绝缘子工作流程

序号	作业内容	作业工序	工艺标准和要求
1	工作许可	办理停电许可手续	1)向调度值班员或工区值班员办理停电许可手续; 2)工作负责人将许可停电的时间、许可人记录在工作票,并签名
2	核对现场	a)核对线路双重命名、杆塔号; b)核对现场情况; c)召开现场班会	1)由登塔人员核对线路双重命名、杆塔号,工作负责人(监护人)确认; 2)由工作负责人(监护人)核对现场情况; 3)工作负责人在开工前召集工作人员召开现场班前会,再次交代工作任务、安全措施及注意事项,检查工器具是否完备和人员精神状况是否良好
3	登塔	a)塔上作业人员身背传递绳沿脚钉上塔,登塔工作; b)工作负责人(监护人)严格监护	1)登塔前正确佩戴个人安全用具,杆塔有防坠装置的,应使用防坠装置,登塔过程中,双手不得携带物品; 2)杆塔上人员,必须正确使用安全带(绳),在杆塔上作业转位时,不得失去安全带(绳)保护

续表

序号	作业内容	作业工序	工艺标准和要求
4	验电接地	a）地面作业人员将验电器及接地线分别传递上塔； b）塔上作业人员逐相验电、验明线路确无电压后，挂牢接地线，先挂接地端后挂导线端	1）验电应使用相应电压等级、合格的接触式验电器； 2）验电时人体应与被验电设备保持 1.5m（110kV）、3.0m（220kV）以上的安全距离，并设专人监护，使用伸缩式验电器时应保证绝缘的有效长度； 3）对同杆塔架设的多层电力线路进行验电时，先验低压、后验高压、先验下层、后验上层、先验近侧、后验远侧，挂设接地线时相同次序； 4）线路经验明确无电压后，应立即在每相装设接地线，挂接地线应在监护下进行； 5）接地线应用有透明护套的多股软铜线组成，其截面不得小于 25mm²，接地线应使用专用的线夹固定在导线上，严禁用缠绕的方法进行接地或短路； 6）装设接地线应先接接地端，后接导线端，接地线应接触良好，连接可靠，装接地线均应使用绝缘棒或专用的绝缘绳，人体不得碰触接地线或未接地的导线； 7）在同塔架设多回路杆塔的停电线路上装设的接地线，应采取措施防止接地线摆动

序号	作业内容	作业工序	工艺标准和要求
5	绝缘子更换	a)1号作业人员带上传递绳、个人保安线登上杆塔后,站好位置,系好安全带,挂好个人保安线,并将传递绳用滑车挂在横担主铁恰当位置上;同时2号作业人员上杆塔,将链条葫芦、保护钢丝绳等吊上; b)做好防止导线脱落的后备保护措施; c)2号作业人员配合将承力工具(链条葫芦、双钩)一端用钢丝套固定在横担的主铁上,另一端用卸扣固定在导线上(截面在240mm² 以下的导线可直接挂在导线上); d)仔细检查工器具悬挂无误确保安全后,开始收紧承力工具(链条葫芦、双钩),直至使绝缘子串松弛为止; e)用传递绳在绝缘子串的适当位置系好绳结,1号作业人员将绝缘子串脱离导线,2号作业人员将绝缘子串脱离横担侧球头;	1)新更换的绝缘子与被更换的绝缘子型号、规格、长度必须一致; 2)绝缘子安装前应逐个将表面及裙槽清擦干净,并应进行外观检查,应表面完好无裂纹,无缺损,铁帽、球脚不弯曲,W 销必须齐全,在安装好 W 销的情况下,上面的那只球头不能从碗口中脱出; 3)新更换的绝缘子,爬距应能满足该地区污秽等级的要求; 4)悬垂绝缘子串更换后,绝缘子串应垂直于地面,个别情况下其顺线路方向与垂直位移不应超过5°,而且最大偏移值不应超过 200mm

续表

序号	作业内容	作业工序	工艺标准和要求
		f)杆上、杆下人员相互配合将旧绝缘子串脱离横担悬挂点,在放下旧绝缘子串的同时吊上新的绝缘子串; g)把新的绝缘子串与横担悬挂点连接好,并插入W销(R销),再把导线处的连接点连好,插入W销(R销); h)放松承力工具(链条葫芦、双钩),使新绝缘子串受力正常; i)作业结束后,经检查无误,可依次吊下相应的工器具,并拆除个人保安线	
6	拆除接地线	a)塔上作业人员检查设备上有无遗漏的工具材料,全部下塔至地面,向工作负责人汇报工作完成; b)工作负责人下令可拆除接地线,拆除后检查塔上确无遗漏的工具、材料,确认无问题后带传递绳下塔	1)塔上作业人员确认杆塔上工具材料已拆除干净,塔上无遗留物,工作负责人下令拆除接地线; 2)拆除接地线应先拆导线端,后拆接地端,拆装接地线均应使用绝缘棒或专用的绝缘绳,人体不得碰触接地线或未接地的导线; 3)对同杆塔架设的多层电力线路进行拆除接地线时,拆除时次序与先挂设相反; 4)接地线拆除后,应即认为线路带电,不准任何人再进行工作

续表

序号	作业内容	作业工序	工艺标准和要求
7	下塔	a)检查杆塔上无遗留物； b)下塔返回地面； c)工作负责人严格监护	1)确认杆塔上无遗留物； 2)下塔时,必须戴安全帽,杆塔有防坠装置的,应使用防坠装置,下塔过程中,双手不得携带物品； 3)监护人专责监护
8	工作终结	a)清理地面工作现场； b)工作负责人全面检查工作完成情况,确认无误后签字撤离现场； c)工作负责人向调度(工作许可人)汇报,履行工作终结手续	确认工器具均已收齐,工作现场做到"工完、料净、场地清"
9	自检记录	a)更换的零部件； b)发现的问题及处理情况； c)验收结论	

7. 110～220kV 架空送电线路停电更换耐张杆塔单片绝缘子(见表 4-11)

表 4-11　停电更换耐张杆塔单片绝缘子工作流程

序号	作业内容	作业工序	工艺标准和要求
1	工作许可	办理停电许可手续	1)向调度值班员或工区值班员办理停电许可手续； 2)工作负责人将许可停电的时间、许可人记录在工作票，并签名
2	核对现场	a)核对线路双重命名、杆塔号； b)核对现场情况； c)召开现场班会	1)由登塔人员核对线路双重命名、杆塔号，工作负责人(监护人)确认； 2)由工作负责人(监护人)核对现场情况； 3)工作负责人在开工前召集工作人员召开现场班前会，再次交代工作任务、安全措施及注意事项，检查工器具是否完备和人员精神状况是否良好
3	登塔	a)塔上作业人员身背传递绳沿脚钉上塔，登塔工作； b)工作负责人(监护人)严格监护	1)登塔前正确佩戴个人安全用具，杆塔有防坠装置的，应使用防坠装置，登塔过程中，双手不得携带物品； 2)杆塔上人员，必须正确使用安全带(绳)，在杆塔上作业转位时，不得失去安全带(绳)保护

序号	作业内容	作业工序	工艺标准和要求
4	验电接地	a) 地面作业人员将验电器及接地线分别传递上塔； b) 塔上作业人员逐相验电、验明线路确无电压后，挂牢接地线，先挂接地端后挂导线端	1)验电应使用相应电压等级、合格的接触式验电器； 2)验电时人体应与被验电设备保持1.5m(110kV)、3.0m(220kV)以上的安全距离，并设专人监护，使用伸缩式验电器时应保证绝缘的有效长度； 3)对同杆塔架设的多层电力线路进行验电时，先验低压、后验高压、先验下层、后验上层、先验近侧、后验远侧，挂设接地线时相同次序； 4)线路经验明确无电压后，应立即在每相装设接地线，挂接地线应在监护下进行； 5)接地线应用有透明护套的多股软铜线组成，其截面不得小于25mm²，接地线应使用专用的线夹固定在导线上，严禁用缠绕的方法进行接地或短路； 6)装设接地线应先接接地端，后接导线端，接地线应接触良好，连接可靠，装接地线均应使用绝缘棒或专用的绝缘绳，人体不得碰触接地线或未接地的导线； 7)在同塔架设多回路杆塔的停电线路上装设的接地线，应采取措施防止接地线摆动

续表

序号	作业内容	作业工序	工艺标准和要求
5	绝缘子更换	a)1号作业人员带上传递绳、个人保安线登上杆塔后，站好位置，系好安全带，挂好个人保安线，并将传递绳用滑车挂在横担主铁恰当位置上；同时2号作业人员上杆塔，将卡具、保护钢丝绳、紧线器等吊上； b)1号作业人员在横担主材上系好长腰绳，沿绝缘子串出线到导线侧； c)1号、2号作业人员相互配合，挂好防止导线脱落保险钢丝绳，同时安装被更换一侧的托瓶架； d)用配套卡具卡住待更换绝缘子的准确位置，确保连接紧密，螺栓拧紧； e)收紧卡具的丝杠，使需更换的绝缘子松弛； f)取出需更换绝缘子两端W(R)销，将需更换绝缘子取出后用传递绳吊下； g)用传递绳吊上新绝缘子，并安装就位； h)松开卡具的丝杠，拆除卡具，更换工作结束； i)作业结束后，经检查无误，可依次吊下相应的工器具，并拆除个人保安线	1)新更换的绝缘子与被更换的绝缘子型号、规格、长度必须一致； 2)绝缘子安装前应逐个将表面及裙槽清擦干净，并应进行外观检查，应表面完好无裂纹，无缺损，铁帽、球脚不弯曲，W销必须齐全，在安装好W销的情况下，上面只的球头不能从碗口中脱出； 3)新更换的绝缘子，爬距应能满足该地区污秽等级的要求； 4)更换绝缘子时，严禁卡具和绝缘子瓷群接触，以防止损坏绝缘子； 5)在松紧卡具丝杠时，应防止其击打绝缘子

序号	作业内容	作业工序	工艺标准和要求
6	拆除接地线	a) 塔上作业人员检查设备上有无遗漏的工具材料,全部下塔至地面,向工作负责人汇报工作完成; b) 工作负责人下令可拆除接地线,拆除后检查塔上确无遗漏的工具、材料,确认无问题后带传递绳下塔	1) 塔上作业人员确认杆塔上工具材料已拆除干净,塔上无遗留物,工作负责人下令拆除接地线; 2) 拆除接地线应先拆导线端,后拆接地端,拆装接地线均应使用绝缘棒或专用的绝缘绳,人体不得碰触接地线或未接地的导线; 3) 对同杆塔架设的多层电力线路进行拆除接地线时,拆除时次序与先挂设相反; 4) 接地线拆除后,应即认为线路带电,不准任何人再进行工作
7	下塔	a) 检查杆塔上无遗留物; b) 下塔返回地面; c) 工作负责人严格监护	1) 确认杆塔上无遗留物; 2) 下塔时,必须戴安全帽,杆塔有防坠装置的,应使用防坠装置,下塔过程中,双手不得携带物品; 3) 监护人专责监护
8	工作终结	a) 清理地面工作现场; b) 工作负责人全面检查工作完成情况,确认无误后签字撤离现场; c) 工作负责人向调度(工作许可人)汇报,履行工作终结手续	确认工器具均已收齐,工作现场做到"工完、料净、场地清"
9	自检记录	a) 更换的零部件; b) 发现的问题及处理情况; c) 验收结论	

8.0～220kV架空送电线路停电更换耐张杆塔整串绝缘子(见表4-12)

表4-12　停电更换耐张杆塔整串绝缘子工作流程

序号	作业内容	作业工序	工艺标准和要求
1	工作许可	办理停电许可手续。	1)向调度值班员或工区值班员办理停电许可手续; 2)工作负责人将许可停电的时间、许可人记录在工作票,并签名
2	核对现场	a)核对线路双重命名、杆塔号; b)核对现场情况; c)召开现场班会	1)由登塔人员核对线路双重命名、杆塔号,工作负责人(监护人)确认; 2)由工作负责人(监护人)核对现场情况; 3)工作负责人在开工前召集工作人员召开现场班前会,再次交代工作任务、安全措施及注意事项,检查工器具是否完备和人员精神状况是否良好
3	登塔	a)塔上作业人员身背传递绳沿脚钉上塔,登塔工作; b)工作负责人(监护人)严格监护	1)登塔前正确佩带个人安全用具,杆塔有防坠装置的,应使用防坠装置,登塔过程中,双手不得携带物品; 2)杆塔上人员,必须正确使用安全带(绳),在杆塔上作业转位时,不得失去安全带(绳)保护

序号	作业内容	作业工序	工艺标准和要求
4	验电接地	a）地面作业人员将验电器及接地线分别传递上塔； b）塔上作业人员逐相验电、验明线路确无电压后，挂牢接地线，先挂接地端后挂导线端	1）验电应使用相应电压等级、合格的接触式验电器； 2）验电时人体应与被验电设备保持 1.5m(110kV)、3.0m(220kV)以上的安全距离，并设专人监护，使用伸缩式验电器时应保证绝缘的有效长度； 3）对同杆塔架设的多层电力线路进行验电时，先验低压、后验高压、先验下层、后验上层、先验近侧、后验远侧，挂设接地线时相同次序； 4）线路经验明确无电压后，应立即在每相装设接地线，挂接地线应在监护下进行； 5）接地线应用有透明护套的多股软铜线组成，其截面不得小于 25mm²，接地线应使用专用的线夹固定在导线上，严禁用缠绕的方法进行接地或短路； 6）装设接地线应先接接地端，后接导线端，接地线应接触良好，连接可靠，装接地线均应使用绝缘棒或专用的绝缘绳，人体不得碰触接地线或未接地的导线； 7）在同塔架设多回路杆塔的停电线路上装设的接地线，应采取措施防止接地线摆动

续表

序号	作业内容	作业工序	工艺标准和要求
5	绝缘子更换	a)1号作业人员带上传递绳、个人保安线登上杆塔后,站好位置,系好安全带,挂好个人保安线,并将传递绳用滑车挂在横担主铁恰当位置上;同时2号作业人员上杆塔,将链条葫芦(双钩)、保护钢丝绳、托瓶架等吊上; b)1号作业人员在横担主材上系好长腰绳,沿绝缘子串出线到导线侧; c)1号、2号作业人员相互配合,挂好防止导线脱落保险钢丝绳,同时安装被更换一侧的托瓶架; d)仔细检查工器具悬挂无误确保安全后,开始收紧承力工具(链条葫芦、双钩),直至使绝缘子串松弛为止; e)用传递绳在绝缘子串的适当位置系好绳结,1号作业人员将绝缘子串脱离导线,2号作业人员将绝缘子串脱离横担侧球头后搁在托瓶架上;	1)新更换的绝缘子与被更换的绝缘子型号、规格、长度必须一致; 2)绝缘子安装前应逐个将表面及裙槽清擦干净,并应进行外观检查,应表面完好无裂纹,无缺损,铁帽、球脚不弯曲,W销必须齐全,在安装好W销的情况下,上面只的球头不能从碗口中脱出; 3)新更换的绝缘子,爬距应能满足该地区污秽等级的要求; 4)耐张串绝缘子更换后,不能使导线弛度发生变化

序号	作业内容	作业工序	工艺标准和要求
		f)杆上杆下人员相互配合放下旧绝缘子串,同时吊上新的绝缘子串; g)把新的绝缘子串与横担悬挂点连接好,并插入W销(R销),再把导线处的连接点连好,插入W销(R销); h)放松承力工具(链条葫芦、双钩),使新绝缘子串受力正常; i)作业结束后,经检查无误,可依次吊下相应的工器具,并拆除个人保安线	
6	拆除接地线	a) 塔上作业人员检查设备上有无遗漏的工具材料,全部下塔至地面,向工作负责人汇报工作完成; b) 工作负责人下令可拆除接地线,拆除后检查塔上确无遗漏的工具、材料,确认无问题后带传递绳下塔	1) 塔上作业人员确认杆塔上工具材料已拆除干净,塔上无遗留物,工作负责人下令拆除接地线; 2) 拆除接地线应先拆导线端,后拆接地端,拆装接地线均应使用绝缘棒或专用的绝缘绳,人体不得碰触接地线或未接地的导线; 3) 对同杆塔架设的多层电力线路进行拆除接地线时,拆除时次序与先挂设相反; 4)接地线拆除后,应即认为线路带电,不准任何人再进行工作

续表

序号	作业内容	作业工序	工艺标准和要求
7	下塔	a)检查杆塔上无遗留物; b)下塔返回地面; c)工作负责人严格监护	1)确认杆塔上无遗留物; 2)下塔时,必须戴安全帽,杆塔有防坠装置的,应使用防坠装置,下塔过程中,双手不得携带物品; 3)监护人专责监护
8	工作终结	a)清理地面工作现场; b)工作负责人全面检查工作完成情况,确认无误后签字撤离现场; c)工作负责人向调度(工作许可人)汇报,履行工作终结手续	确认工器具均已收齐,工作现场做到"工完、料净、场地清"
9	自检记录	a)更换的零部件; b)发现的问题及处理情况; c)验收结论	

9. 110～220kV 架空送电线路停电更换、调整导线防震锤（见表 4-13）

表 4-13　停电更换、调整导线防震锤工作流程

序号	作业内容	作业工序	工艺标准和要求
1	工作许可	办理停电许可手续	1)向调度值班员或工区值班员办理停电许可手续； 2)工作负责人将许可停电的时间、许可人记录在工作票,并签名
2	核对现场	a)核对线路双重命名、杆塔号； b)核对现场情况； c)召开现场班会	1)由登塔人员核对线路双重命名、杆塔号,工作负责人(监护人)确认； 2)由工作负责人(监护人)核对现场情况； 3)工作负责人在开工前召集工作人员召开现场班前会,再次交代工作任务、安全措施及注意事项,检查工器具是否完备和人员精神状况是否良好
3	登塔	a)塔上作业人员身背传递绳沿脚钉上塔,登塔工作； b)工作负责人(监护人)严格监护	1)登塔前正确佩戴个人安全用具,杆塔有防坠装置的,应使用防坠装置,登塔过程中,双手不得携带物品； 2)杆塔上人员,必须正确使用安全带(绳),在杆塔上作业转位时,不得失去安全带(绳)保护

续表

序号	作业内容	作业工序	工艺标准和要求
4	验电接地	a) 地面作业人员将验电器及接地线分别传递上塔; b) 塔上作业人员逐相验电、验明线路确无电压后,挂牢接地线,先挂接地端后挂导线端	1) 验电应使用相应电压等级、合格的接触式验电器; 2) 验电时人体应与被验电设备保持 1.5m(110kV)、3.0m(220kV) 以上的安全距离,并设专人监护,使用伸缩式验电器时应保证绝缘的有效长度; 3) 对同杆塔架设的多层电力线路进行验电时,先验低压、后验高压、先验下层、后验上层、先验近侧、后验远侧,挂设接地线时相同次序; 4) 线路经验明确无电压后,应立即在每相装设接地线,挂接地线应在监护下进行; 5) 接地线应用有透明护套的多股软铜线组成,其截面不得小于 $25mm^2$,接地线应使用专用的线夹固定在导线上,严禁用缠绕的方法进行接地或短路; 6) 装设接地线应先接接地端,后接导线端,接地线应接触良好,连接可靠,装接地线均应使用绝缘棒或专用的绝缘绳,人体不得碰触接地线或未接地的导线; 7) 在同塔架设多回路杆塔的停电线路上装设的接地线,应采取措施防止接地线摆动

序号	作业内容	作业工序	工艺标准和要求
5	导线防震锤更换、调整	a)1号作业人员带上传递绳、个人保安线登上杆塔后,站好位置,系好安全带,挂好个人保安线,并将传递绳用滑车挂在横担主铁恰当位置上; b)1号作业人员出线用传递绳把须更换防震锤绑扎牢固; c)1号作业人员松开导线防震锤螺栓,同时地面配合人员把新导线防震锤吊上; d)1号作业人员按照设计及规程要求安装(调整)好新防震锤; e)作业结束后,经检查无误,可依次吊下相应的工器具,并拆除个人保安线	1)对于合成绝缘子,下导线时应采用软梯; 2)新换防震锤的型号及安装数量、安装尺寸必须与原设计相符; 3)防震锤与导线固定处应紧密缠包1~2层铝包带,缠包的方向应与外层铝股的绞制方向一致,铝包带两端要露出1cm,端头要固定牢靠,防止散开; 4)防震锤的安装尺寸误差应不大于±3cm,装好后的防震锤应与地面垂直,螺丝应有弹簧垫圈,并要拧紧,受力要均匀; 5)防震锤线夹的夹板出口方向,安装应符合:两边线朝内,中线朝右

续表

序号	作业内容	作业工序	工艺标准和要求
6	拆除接地线	a) 塔上作业人员检查设备上有无遗漏的工具材料,全部下塔至地面,向工作负责人汇报工作完成; b) 工作负责人下令可拆除接地线,拆除后检查塔上确无遗漏的工具、材料,确认无问题后带传递绳下塔	1) 塔上作业人员确认杆塔上工具材料已拆除干净,塔上无遗留物,工作负责人下令拆除接地线; 2) 拆除接地线应先拆导线端,后拆接地端,拆装接地线均应使用绝缘棒或专用的绝缘绳,人体不得碰触接地线或未接地的导线; 3) 对同杆塔架设的多层电力线路进行拆除接地时,拆除时次序与先挂设相反; 4) 接地线拆除后,应即认为线路带电,不准任何人再进行工作
7	下塔	a) 检查杆塔上无遗留物; b) 下塔返回地面; c) 工作负责人严格监护	1) 确认杆塔上无遗留物; 2) 下塔时,必须戴安全帽,杆塔有防坠装置的,应使用防坠装置,下塔过程中,双手不得携带物品; 3) 监护人专责监护
8	工作终结	a) 清理地面工作现场; b) 工作负责人全面检查工作完成情况,确认无误后签字撤离现场; c) 工作负责人向调度(工作许可人)汇报,履行工作终结手续	确认工器具均已收齐,工作现场做到"工完、料净、场地清"
9	自检记录	a) 更换的零部件; b) 发现的问题及处理情况; c) 验收结论	

10. 110～220kV 架空送电线路停电更换、调整地线防震锤(见表 4-14)

表 4-14 停电更换、调整地线防震锤工作流程

序号	作业内容	作业工序	工艺标准和要求
1	工作许可	办理停电许可手续	1)向调度值班员或工区值班员办理停电许可手续; 2)工作负责人将许可停电的时间、许可人记录在工作票,并签名
2	核对现场	a)核对线路双重命名、杆塔号; b)核对现场情况; c)召开现场班会	1)由登塔人员核对线路双重命名,杆塔号,工作负责人(监护人)确认; 2)由工作负责人(监护人)核对现场情况; 3)工作负责人在开工前召集工作人员召开现场班前会,再次交代工作任务、安全措施及注意事项,检查工器具是否完备和人员精神状况是否良好
3	登塔	a)塔上作业人员身背传递绳沿脚钉上塔,登塔工作; b)工作负责人(监护人)严格监护	1)登塔前正确佩戴个人安全用具,杆塔有防坠装置的,应使用防坠装置,登塔过程中,双手不得携带物品; 2)杆塔上人员,必须正确使用安全带(绳),在杆塔上作业转位时,不得失去安全带(绳)保护

续表

序号	作业内容	作业工序	工艺标准和要求
4	验电接地	a) 地面作业人员将验电器及接地线分别传递上塔； b) 塔上作业人员逐相验电、验明线路确无电压后、挂牢接地线,先挂接地端后挂导线端	1) 验电应使用相应电压等级、合格的接触式验电器； 2) 验电时人体应与被验电设备保持 1.5m(110kV)、3.0m(220kV)以上的安全距离,并设专人监护,使用伸缩式验电器时应保证绝缘的有效长度； 3) 对同杆塔架设的多层电力线路进行验电时,先验低压、后验高压、先验下层、后验上层、先验近侧、后验远侧,挂设接地线时相同次序； 4) 线路经验明确无电压后,应立即在每相装设接地线,挂接地线应在监护下进行； 5) 接地线应用有透明护套的多股软铜线组成,其截面不得小于 $25mm^2$,接地线应使用专用的线夹固定在导线上,严禁用缠绕的方法进行接地或短路； 6) 装设接地线应先接接地端,后接导线端,接地线应接触良好,连接可靠,装接地线均应使用绝缘棒或专用的绝缘绳,人体不得碰触接地线或未接地的导线； 7) 在同塔架设多回路杆塔的停电线路上装设的接地线,应采取措施防止接地线摆动

序号	作业内容	作业工序	工艺标准和要求
5	导线防震锤更换、调整	a)1号作业人员带上传递绳、个人保安线登上杆塔后，站好位置，系好安全带，挂好个人保安线，并将传递绳用滑车挂在横担主铁恰当位置上； b)1号作业人员出线用传递绳把需更换防震锤绑扎牢固； c)1号作业人员松开地线防震锤螺栓，同时地面配合人员把新地线防震锤吊上； d)1号作业人员按照设计及规程要求安装（调整）好新防震锤； e)作业结束后，经检查无误，可依次吊下相应的工器具，并拆除个人保安线	1)新换防震锤的型号及安装数量、安装尺寸必须与原设计相符； 2)防震锤的安装尺寸误差应不大于±3cm，装好后的防震锤应与地面垂直，螺丝应有弹簧垫圈，并要拧紧，受力要均匀； 3)防震锤线夹的夹板出口方向，安装应符合：两边线朝内，中线朝右

续表

序号	作业内容	作业工序	工艺标准和要求
6	拆除接地线	a) 塔上作业人员检查设备上有无遗漏的工具材料,全部下塔至地面,向工作负责人汇报工作完成; b) 工作负责人下令可拆除接地线,拆除后检查塔上确无遗漏的工具、材料,确认无问题后带传递绳下塔	1) 塔上作业人员确认杆塔上工具材料已拆除干净,塔上无遗留物,工作负责人下令拆除接地线; 2) 拆除接地线应先拆导线端,后拆接地端,拆装接地线均应使用绝缘棒或专用的绝缘绳,人体不得碰触接地线或未接地的导线; 3) 对同杆塔架设的多层电力线路进行拆除接地线时,拆除时次序与先挂设相反; 4) 接地线拆除后,应即认为线路带电,不准任何人再进行工作
7	下塔	a) 检查杆塔上无遗留物; b) 下塔返回地面; c) 工作负责人严格监护	1) 确认杆塔上无遗留物; 2) 下塔时,必须戴安全帽,杆塔有防坠装置的,应使用防坠装置,下塔过程中,双手不得携带物品; 3) 监护人专责监护
8	工作终结	a) 清理地面工作现场; b) 工作负责人全面检查工作完成情况,确认无误后签字撤离现场; c) 工作负责人向调度(工作许可人)汇报,履行工作终结手续	确认工器具均已收齐,工作现场做到"工完、料净、场地清"
9	自检记录	a) 更换的零部件; b) 发现的问题及处理情况; c) 验收结论	

11. 110～220kV架空送电线路停电绝缘子清扫(见表4-15)

表 4-15 停电绝缘子清扫工作流程

序号	作业内容	作业工序	工艺标准和要求
1	工作许可	办理停电许可手续	1)向调度值班员或工区值班员办理停电许可手续; 2)工作负责人将许可停电的时间、许可人记录在工作票,并签名
2	核对现场	a)核对线路双重命名、杆塔号; b)核对现场情况; c)召开现场班会	1)由登塔人员核对线路双重命名、杆塔号,工作负责人(监护人)确认; 2)由工作负责人(监护人)核对现场情况; 3)工作负责人在开工前召集工作人员召开现场班前会,再次交代工作任务、安全措施及注意事项,检查工器具是否完备和人员精神状况是否良好
3	登塔	a)塔上作业人员身背传递绳沿脚钉上塔,登塔工作; b)工作负责人(监护人)严格监护	1)登塔前正确佩戴个人安全用具,杆塔有防坠装置的,应使用防坠装置,登塔过程中,双手不得携带物品。杆塔上人员,必须正确使用安全带(绳),在杆塔上作业转位时,不得失去安全带(绳)保护

续表

序号	作业内容	作业工序	工艺标准和要求
4	验电接地	a) 地面作业人员将验电器及接地线分别传递上塔; b) 塔上作业人员逐相验电、验明线路确无电压后,挂牢接地线,先挂接地端后挂导线端	1) 验电应使用相应电压等级、合格的接触式验电器; 2) 验电时人体应与被验电设备保持 1.5m(110kV)、3.0m(220kV) 以上的安全距离,并设专人监护,使用伸缩式验电器时应保证绝缘的有效长度; 3) 对同杆塔架设的多层电力线路进行验电时,先验低压、后验高压、先验下层、后验上层、先验近侧、后验远侧,挂设接地线时相同次序; 4) 线路经验明确无电压后,应立即在每相装设接地线,挂接地线应在监护下进行; 5) 接地线应用有透明护套的多股软铜线组成,其截面不得小于 25mm²,接地线应使用专用的线夹固定在导线上,严禁用缠绕的方法进行接地或短路; 6) 装设接地线应先接接地端,后接导线端,接地线应接触良好,连接可靠,装接地线均应使用绝缘棒或专用的绝缘绳,人体不得碰触接地线或未接地的导线; 7) 在同塔架设多回路杆塔的停电线路上装设的接地线,应采取措施防止接地线摆动

序号	作业内容	作业工序	工艺标准和要求
5	绝缘子清扫	a)1号作业人员上杆进行绝缘子清扫工作,2号作业人员在地面做好监护工作; b)逐串、逐片对绝缘子自上而下用软布擦净,直至表面及裙槽无尘,无污垢,不留未擦到的死角	1)上下绝缘子时落脚要轻,防止绝缘子裙边脱落而下滑; 2)清扫时应仔细检查绝缘子有无闪络痕迹,开口销等有无缺少、锈死,R销有无开口,绝缘子钢脚有无锈蚀、弯曲变形等
6	拆除接地线	a)塔上作业人员检查设备上有无遗漏的工具材料,全部下塔至地面,向工作负责人汇报工作完成; b)工作负责人下令可拆除接地线,拆除后检查塔上确无遗漏的工具、材料,确认无问题后带传递绳下塔	1)塔上作业人员确认杆塔上工具材料已拆除干净,塔上无遗留物,工作负责人下令拆除接地线; 2)拆除接地线应先拆导线端,后拆接地端,拆装接地线均应使用绝缘棒或专用的绝缘绳,人体不得碰触接地线或未接地的导线; 3)对同杆塔架设的多层电力线路进行拆除接地线时,拆除时次序与先挂设相反; 4)接地线拆除后,应即认为线路带电,不准任何人再进行工作

续表

序号	作业内容	作业工序	工艺标准和要求
7	下塔	a)检查杆塔上无遗留物； b)下塔返回地面； c)工作负责人严格监护	1)确认杆塔上无遗留物； 2)下塔时，必须戴安全帽，杆塔有防坠装置的，应使用防坠装置，下塔过程中，双手不得携带物品； 3)监护人专责监护
8	工作终结	a)清理地面工作现场； b)工作负责人全面检查工作完成情况，确认无误后签字撤离现场； c)工作负责人向调度（工作许可人）汇报，履行工作终结手续	确认工器具均已收齐，工作现场做到"工完、料净、场地清"
9	自检记录	a)更换的零部件； b)发现的问题及处理情况； c)验收结论	

12. 110kV～220kV 架空送电线路停电导、地线修补
（见表 4-16）

表 4-16 架空送电线路停电导、地线修补工作流程

序号	作业内容	作业工序	工艺标准和要求
1	工作许可	办理停电许可手续	1)向调度值班员或工区值班员办理停电许可手续； 2)工作负责人将许可停电的时间、许可人记录在工作票，并签名
2	核对现场	a)核对线路双重命名、杆塔号； b)核对现场情况； c)召开现场班会	1)由登塔人员核对线路双重命名、杆塔号，工作负责人(监护人)确认； 2)由工作负责人(监护人)核对现场情况； 3)工作负责人在开工前召集工作人员召开现场班前会，再次交代工作任务、安全措施及注意事项，检查工器具是否完备和人员精神状况是否良好
3	登塔	a)塔上作业人员身背传递绳沿脚钉上塔，登塔工作； b)工作负责人(监护人)严格监护	1)登塔前正确佩戴个人安全用具，杆塔有防坠装置的，应使用防坠装置，登塔过程中，双手不得携带物品； 2)杆塔上人员，必须正确使用安全带(绳)，在杆塔上作业转位时，不得失去安全带(绳)保护

续表

序号	作业内容	作业工序	工艺标准和要求
4	验电接地	a)地面作业人员将验电器及接地线分别传递上塔； b)塔上作业人员逐相验电、验明线路确无电压后，挂牢接地线，先挂接地端后挂导线端	1)验电应使用相应电压等级、合格的接触式验电器； 2)验电时人体应与被验电设备保持1.5m(110kV)、3.0m(220kV)以上的安全距离，并设专人监护，使用伸缩式验电器时应保证绝缘的有效长度； 3)对同杆塔架设的多层电力线路进行验电时，先验低压、后验高压、先验下层、后验上层、先验近侧、后验远侧，挂设接地线时相同次序； 4)线路经验明确无电压后，应立即在每相装设接地线，挂接地线应在监护下进行； 5)接地线应用有透明护套的多股软铜线组成，其截面不得小于25mm²，接地线应使用专用的线夹固定在导线上，严禁用缠绕的方法进行接地或短路； 6)装设接地线应先接接地端，后接导线端，接地线应接触良好，连接可靠，装接地线均应使用绝缘棒或专用的绝缘绳，人体不得碰触接地线或未接地的导线； 7)在同塔架设多回路杆塔的停电线路上装设的接地线，应采取措施防止接地线摆动

序号	作业内容	作业工序	工艺标准和要求
5	导地线修补	a)1号作业人员带上传递绳、个人保安线登上杆塔后,站好位置,系好安全带,挂好个人保安线,并将传递绳用滑车挂在横担主铁恰当位置上;同时2号作业人员上杆塔,将液压机具、补修管等吊上; b)1号作业人员利用出线辅助工具到达导地线断股处; c)2号作业人员配合用绳索将液压机和补修管传递给1号作业人员; d)1号作业人员按照规程要求修补导地线; e)作业结束后,经检查无误,可依次吊下相应的工器具,并拆除个人保安线	1)补修管与悬垂线夹的距离不应小于5m; 2)补修管压接后,外形应平直、光洁,弯曲度不得超过2%; 3)压接后的管子外面,不应有飞边、毛刺; 4)在压接时,操作人员的面部应在压接机侧面并避开钢模,防止钢模压碎时其碎片飞出伤人; 5)出线时应密切注意导线的弧垂变化,对下面的交叉跨越(特别是电力线)物的安全距离

续表

序号	作业内容	作业工序	工艺标准和要求
6	拆除接地线	a) 塔上作业人员检查设备上有无遗漏的工具材料,全部下塔至地面,向工作负责人汇报工作完成; b) 工作负责人下令可拆除接地线,拆除后检查塔上确无遗漏的工具、材料,确认无问题后带传递绳下塔	1) 塔上作业人员确认杆塔上工具材料已拆除干净,塔上无遗留物,工作负责人下令拆除接地线; 2) 拆除接地线应先拆导线端,后拆接地端,拆装接地线均应使用绝缘棒或专用的绝缘绳,人体不得碰触接地线或未接地的导线; 3) 对同杆塔架设的多层电力线路进行拆除接地线时,拆除时次序与先挂设相反; 4) 接地线拆除后,应即认为线路带电,不准任何人再进行工作
7	下塔	a) 检查杆塔上无遗留物; b) 下塔返回地面; c) 工作负责人严格监护	1) 确认杆塔上无遗留物; 2) 下塔时,必须戴安全帽,杆塔有防坠装置的,应使用防坠装置,下塔过程中,双手不得携带物品; 3) 监护人专责监护
8	工作终结	a) 清理地面工作现场; b) 工作负责人全面检查工作完成情况,确认无误后签字撤离现场; c) 工作负责人向调度(工作许可人)汇报,履行工作终结手续	确认工器具均已收齐,工作现场做到"工完、料净、场地清"
9	自检记录	a) 更换的零部件; b) 发现的问题及处理情况; c) 验收结论	

13. 110～220kV架空送电线路接地体改造(见表4-17)

表 4-17 接地体改造工作流程

序号	作业内容	作业工序	工艺标准和要求
1	接地电阻测试	a)拆开接地螺栓,使接地线与杆塔分开; b)用接地摇表测接地电阻,复核接地电阻有否超值	1)认真核对线路双重名称; 2)拆开接地时应戴好绝缘手套,防止感应电
2	接地改造处理	a)如接地电阻超过设计最大值,则接地体必须重新埋设; b)将新接地体按老接地体的位置埋入,并用土夯实; c)再测新埋接地体的接地电阻,对照设计要求有否超值,如仍超出设计值,则再行检查处理,直至满足设计要求为止,并做好记录; d)将接地体与杆塔连接牢固	1)新埋设接地体深度应满足设计要求; 2)接地体焊接处应光滑,无明显损伤; 3)新埋接地体的接地电阻不大于设计值; 4)搭接长度必须为扁钢宽度的2倍或圆钢直径的6倍
3	结束、消缺	a)整理工器具,清理施工现场,人员撤离,处理工作结束; b)工作负责人填写检修工作报表,并上报给工作票签发人; c)工作负责人(技术人员)把接地缺陷在缺陷库中进行消缺	确认工器具均已收齐,工作现场做到"工完、料净、场地清"
4	自检记录	a)更换的零部件; b)发现的问题及处理情况; c)验收结论	

14. 110kV～220kV 架空送电线路停电更换拉线、拉棒（见表 4-18）

表 4-18　停电更换拉线、拉棒工作流程

序号	作业内容	作业工序	工艺标准和要求
1	工作许可	办理停电许可手续	1)向调度值班员或工区值班员办理停电许可手续； 2)工作负责人将许可停电的时间、许可人记录在工作票,并签名
2	核对现场	a)核对线路双重命名、杆塔号； b)核对现场情况； c)召开现场班会	1)由登塔人员核对线路双重命名、杆塔号,工作负责人(监护人)确认； 2)由工作负责人(监护人)核对现场情况； 3)工作负责人在开工前召集工作人员召开现场班前会,再次交代工作任务、安全措施及注意事项,检查工器具是否完备和人员精神状况是否良好
3	登塔	a)塔上作业人员身背传递绳沿脚钉上塔,登塔工作； b)工作负责人(监护人)严格监护	1)登塔前正确佩戴个人安全用具,杆塔有防坠装置的,应使用防坠装置,登塔过程中,双手不得携带物品； 2)杆塔上人员,必须正确使用安全带(绳),在杆塔上作业转位时,不得失去安全带(绳)保护

序号	作业内容	作业工序	工艺标准和要求
4	验电接地	a)地面作业人员将验电器及接地线分别传递上塔； b)塔上作业人员逐相验电、验明线路确无电压后，挂牢接地线，先挂接地端后挂导线端	1)验电应使用相应电压等级、合格的接触式验电器； 2)验电时人体应与被验电设备保持 1.5m(110kV)、3.0m(220kV)以上的安全距离，并设专人监护，使用伸缩式验电器时应保证绝缘的有效长度； 3)对同杆塔架设的多层电力线路进行验电时，先验低压、后验高压、先验下层、后验上层、先验近侧、后验远侧，挂设接地线时相同次序； 4)线路经验明确无电压后，应立即在每相装设接地线，挂接地线应在监护下进行； 5)接地线应用有透明护套的多股软铜线组成，其截面不得小于 $25mm^2$，接地线应使用专用的线夹固定在导线上，严禁用缠绕的方法进行接地或短路； 6)装设接地线应先接接地端，后接导线端，接地线应接触良好、连接可靠，装接地线均应使用绝缘棒或专用的绝缘绳，人体不得碰触接地线或未接地的导线； 7)在同塔架设多回路杆塔的停电线路上装设的接地线，应采取措施防止接地线摆动

续表

序号	作业内容	作业工序	工艺标准和要求
5	拉线、拉棒更换	a)1号作业人员上杆，挂好滑车和传递绳，2号作业员布置好临时拉线锚桩； b)1号作业人员将临时拉线的上端固定在横担主材上并至少缠绕2圈，2号作业人员将临时拉线的下端用双钩与临时拉线锚桩相连接； c)2号作业人员用双钩收紧临时拉线使其受力后，做好防止双钩打转和打滑措施； d)2号作业人员先拆除拉线下端，接着1号作业人员拆除拉线上端，然后用绳索吊落到地面； e)2号作业人员将旧拉棒挖出并更换好； f)新拉线做头，并吊上安装好； g)用紧线器收紧新拉线，并做头固定； h)调节UT型线夹螺丝，直至拉线受力为止； i)拆除临时拉线及锚桩； j)1号作业人员下杆，其他人员清理工作现场	1)拉线应逐根更换； 2)拉线对地夹角不大于45°，特殊不大于60°； 3)拉线与拉棒应呈一直线； 4)X型拉线的交叉点处应留有足够的空隙，避免相互磨碰； 5)新做拉线应无紧钩和散股，并与原拉线长度保持一致，拉线尾端应用细铅丝绑扎牢固

序号	作业内容	作业工序	工艺标准和要求
6	拆除接地线	a) 塔上作业人员检查设备上有无遗漏的工具材料,全部下塔至地面,向工作负责人汇报工作完成; b) 工作负责人下令可拆除接地线,拆除后检查塔上确无遗漏的工具、材料,确认无问题后带传递绳下塔	1) 塔上作业人员确认杆塔上工具材料已拆除干净,塔上无遗留物,工作负责人下令拆除接地线; 2) 拆除接地线应先拆导线端,后拆接地端,拆装接地线均应使用绝缘棒或专用的绝缘绳,人体不得碰触接地线或未接地的导线; 3) 对同杆塔架设的多层电力线路进行拆除接地线时,拆除时次序与先挂设相反; 4) 接地线拆除后,应即认为线路带电,不准任何人再进行工作
7	下塔	a) 检查杆塔上无遗留物; b) 下塔返回地面; c) 工作负责人严格监护	1) 确认杆塔上无遗留物; 2) 下塔时,必须戴安全帽,杆塔有防坠装置的,应使用防坠装置,下塔过程中,双手不得携带物品; 3) 监护人专责监护
8	工作终结	a) 清理地面工作现场; b) 工作负责人全面检查工作完成情况,确认无误后签字撤离现场; c) 工作负责人向调度(工作许可人)汇报,履行工作终结手续	确认工器具均已收齐,工作现场做到"工完、料净、场地清"
9	自检记录	a) 更换的零部件; b) 发现的问题及处理情况; c) 验收结论	

第四节 架空线路巡视方法和要求

一、运行组织

1. 管理方式

为适应电力网的管理特点,输电线路的运行组织有以下几种形式:

(1)集中管理

一个地市级供电部门的所有输电线路由一个线路工区负责维护。工区下设运行班、检修班、带电作业班和技术管理组等。其优点是专业化强;缺点是当线路过长时,路途往返消耗时间过多,特别是事故巡线和处理不及时,这种形式适合于线路较集中的地区。

(2)分散管理

一个地市级供电部门的输电线路由几个县(市)供电局分片负责维护。这种形式的优缺点正好与第一种形式相反,因而适用于线路比较分散的地区。

（3）集中与分散结合的管理方式

一个地市级供电部门的输电线路，大部分主要线路由市电业局运行维护，另一部分由县供电局运行维护，并负责各自管辖范围的输电线路正常大修和事故抢修。这种管理方式适用于既有比较集中或特别重要的输电线路，又有相对分散的线路。这是目前各电业局大多采用的管理方式。

2. 线路通道安全管理

由于输电线路距离长，分布广，受外力的影响较多，为保证线路安全运行，及时发现并制止危及线路的障碍或行为，输电线路的通道可采取分层承包的管理方法。根据电力部门的组织机构，各地设有县、乡供电部门，对经过县、乡管辖地域的输电线路通道，由县、乡供电部门承包管理，线路产权单位（市供电部门）制订《线路通道承包管理条例》和《定期责任考核办法》，并和承包单位签订线路通道管理承包协议书，且每年支付一定的承包费用。

3. 线路分界点管理

超高压输电线路大多为跨地区线路，按照规程规定必须划分线路维护管理分界点。划分线路维护分界点的目的是为了明确线路维护职责,避免由于职责不清,出现管理"死角"而导致事故的发生。

4．线路人员培训

输电线路的运行维护人员数量,一般按所运行维护的线路长度确定,500kV线路定员可适当增加。

对线路运行人员应结合本单位的实际情况进行专业技术训练班,组织技术规程学习,技术问答,反事故演习和事故预想,组织技术报告、技术讲座,学习先进工作方法,传授先进经验,组织技术比武等。

5．人员配置

各送电工区应设置专责工程师,运行班和检修班应设技术员负责技术管理工作。每个运行班和检修班的成员应由初、中、高三种技术等级的工人适当组合而成,以充分发挥各级工人的优势。巡线员必须由有一定检修经验的技工担任。

二、巡视与检查

输电线路的运行监视工作,主要采取巡视和检查的方法。通过巡视和检查来掌握线路运行状况及周围环境的变化,以便及时发现缺陷和隐患,预防事故的发生,并为线路检修提供内容,以确定检修的内容。

架空输电线路的巡视,按其工作性质和任务以及规定的时间不同,分定期巡视、特殊巡视、故障巡视、夜间巡视、故障巡视、登杆巡视和登线巡视。

1. 定期巡视

定期巡视也叫正常巡视。目的是为了全面掌握线路各部件的运行情况及沿线情况。巡视周期一般每月至少一次,在干燥或多雾季节、高峰负荷时期、线路附近有施工作业等情况下,应当对线路有关地段适当增加巡视次数,以便及时发现和掌握线路情况,采取对策,确保线路安全运行。

2. 特殊巡视和夜间巡视

(1)特殊巡视

特殊巡视是在发生导线结冰、雾、黏雪、冰雪、河水泛滥、山洪暴发、火灾、地震、狂风暴雨等灾害情况之后,对线路的全段、某几段或某些元件进行仔细的巡视,查明是否有什么异常现象,以及在线路异常运行和过负荷等特殊情况下进行的巡视。

(2)夜间巡视

夜间巡视是为了检查导线连接器及绝缘子的缺陷。夜间巡视应在线路负荷较大、空气潮湿、无月光的夜晚进行。因为在夜间可以发现白天巡线中不能发现的缺陷,如电晕现象;由于绝缘子严重污秽而发生的表面闪络前的局部火花放电;由于导线连接器接触不良,当通过负荷电流时温度上升很高,致使导线的接触部分烧红的现象等。

(3)故障巡视

当线路发生故障时。需立即进行故障性巡视,以查明线路接地及跳闸原因,找出故障点,查明故障情况。

故障巡线特别需要注意安全,如发生导线断落地面时,所有人员都应站在距故障点 8~10m 以外,设专人看守,禁止任何人走近接地点,并及时报告有关领导,以便尽快组织抢修。

(4)登杆巡视

在地面检查较高杆塔上部的各部件看不清楚或发生疑问时,可登杆塔并保持足够的带电安全距离进行观察,如绝缘子顶面遭受雷击闪络痕迹、裂纹、开口销、弹簧销、螺帽是否处在正常状态,导线与线夹接合处有无烧伤等。但登杆塔巡视必须在有人监护的情况下进行,单人巡视时不得进行此项工作。

(5)登线巡视

登线巡视是为了弥补地面巡视的不足,一般只在个别地段进行,如爆破区、对导线有腐蚀性质的污秽区、有明显电晕现象的线档等,登线巡视可以正确地检查出导线、导线线夹、间隔棒、连接管、补修金具的缺陷。

登线巡视最好结合停电检修进行,必要时也可以带电进行,但必须遵守带电作业有关规定,确保人身和设备安全。

三、巡线人员的主要工作内容

1. 按照巡线周期和对线路的巡视检查要点,做好线路的巡视检查。

2. 对巡视检查中新发现的缺陷及威胁线路安全运行的薄弱环节做好记录分析,经常掌握线路缺陷底细及重大缺陷的变化规律,督促领导及时处理重大缺陷,按时填报缺陷单和检修卡片。

3. 做好线路技术资料、图纸、台账的管理,不断积累运行经验。

4. 经常了解线路负荷情况。

5. 做好群众护线的宣传教育。

6. 参加线路基建、改进、大修工程的竣工验收及线路评级工作。

第五章 电力电缆线路运行与维护

第一节 电力电缆线路的运行维护概述

电缆线路运行维护要着重做好负荷监视、电缆金属套腐蚀监视和绝缘监督三个方面工作,保持电缆设备始终在良好的状态并防止电缆事故突发。主要项目包括:建立电缆线路技术资料,进行电缆线路巡视检查、电缆预防性试验,防止电缆外力破坏,分析电缆故障原因、电缆故障测寻和电线故障修理等。电缆线路需增添特殊内容,如诱杀白蚁、人井水样分析、水树枝切片检查和带电测量并监视绝缘等。

1. 负荷监视

一般电缆线路根据电缆导体的截面积、绝缘种类等规定了最大电流值,利用各种仪表测量电线线路的负荷电流或电缆的外皮温度等,作为主要负荷监视措施,防止电缆绝缘超过允许最高温度以增强电缆寿命。

2. 温度监视

测量电缆的温度应在夏季或电线最大负荷时进行。测量直埋电线温度时,应测量同地段无其他热源的土壤温度。电缆同地下热力管交叉或接近敷设时,电缆周围的土壤温度在任何情况下不应超过本地段其他地方同样深度的土壤温度 10℃ 以上。检查电缆的温度应选择电缆排列最密处、散热最差处或有外面热源影响处。

3. 腐蚀监视

以专用仪表测量邻近电缆线路的周围土壤,如果属于阳极区,则应采取相应措施,以防止电缆金属套的电解腐蚀。在电缆线路周围润湿的土壤或以生活垃圾填覆的土壤,电缆金属套常发生化学腐蚀和微生物腐蚀,根据测得阳极区的电压值,选择合适的阴极保护措施或排流装置。

4. 绝缘监督

对每条电缆线路按其重要性,编制预防性试验计划,及时发现电缆线路中的薄弱环节,消除可能发生电缆事故的缺陷。金属套对地有绝缘要求的电缆线路,一般在预防性试验后还需对外护层分别另作直流电压试验，以及时发现和消除外护层的缺陷。

第二节　电力电缆日常维护工作

一、电力电缆线路常见缺陷（见表 5-1）

表 5-1　电力电缆线路常见缺陷库

项目	缺陷部位	缺陷表象描述	严重等级
电缆本体	敷设情况	直埋或电缆沟敷设电缆外露且无保护措施	紧急
		电缆转弯半径不满足要求	重大
		电缆与煤气、水、油等其他管、线交叉、平行距离不符合规程要求	一般
		电缆在隧道、电缆层、竖井内无防火措施	一般
		电缆在电缆层、竖井内的固定夹具松动、缺失、锈蚀	一般
		蛇形敷设的电缆节距和波谷尺寸不满足要求	一般
		电缆本体与硬物、尖角直接接触，无保护措施	重大

续表

项目	缺陷部位	缺陷表象描述	严重等级
电缆本体	外观情况	电缆表面有轻微的损伤、异常发热、老化、腐蚀、潮湿、变形等现象	一般
		电缆表面有严重的损伤、异常发热、老化、腐蚀、潮湿、变形等现象	重大
		电缆上有异物	重大
	绝缘情况	80%的外护套绝缘水平不满足规程要求	重大
		40%~80%的外护套绝缘水平不满足规程要求	一般
		40%的外护套绝缘水平不满足规程要求	一般
电缆附件	中间接头	直埋的中间接头外露且无保护措施	紧急
		接头外壳有轻微损伤、异常发热、老化、腐蚀、潮湿、变形等现象	一般
		接头外壳有严重损伤、异常发热、老化、腐蚀、潮湿、变形等现象	重大
		中间头固定措施不完善	一般
		空气中安装的中间头没有挂标志牌	一般
		充油电缆接头漏油	重大
		接头井地网电阻不满足要求	一般
		接头井有损伤	一般
		SF6接头的密度继电器故障	重大
		SF6接头的外观有损伤、锈蚀	一般

续表

项目	缺陷部位	缺陷表象描述	严重等级
电缆附件	终端头	严重过热(相对温升≥95%)	紧急
		过热(相对温升≥35%,<80%)	一般
		瓷套管表面有轻微积污	一般
		瓷套管表面有严重爬电现象	紧急
		电缆终端有轻微渗漏油	重大
		电缆终端有严重渗漏油	紧急
		有异物挂于终端头及引下线处	紧急
		电缆终端标示牌错误	一般
		电缆终端没有相色标志	一般
		终端头连接板过热(≥95%)	紧急
		终端头连接板过热(≥35%,<95%)	一般
		终端构架有缺损、锈蚀	一般
		地网电阻不满足要求	一般
		压力箱及油路有渗漏	一般
		油压报警装置动作不正常	重大
		油压报警装置引线绝缘不合格	一般
	接地箱	接地箱进水,受潮	一般
		接地箱部件缺失、生锈	一般
		保护器性能不满足要求	一般
		无金属导体接线示意图	一般
		接地箱安装不牢固	一般
		接地箱箱体异常发热	紧急

续表

项目	缺陷部位	缺陷表象描述	严重等级
电缆附件	接地线	交叉互联接线错误	重大
		接地箱附井有损伤	一般
	接地线 （包括同 轴电缆）	接地线断开、缺失、破损	紧急
		接地线内电流过大	重大
		接地线发热	重大
		接地线无相色标志	一般
电缆通道	电缆通道	电缆沟盖板无缺失、断裂	一般
		电缆沟支架无缺失、断裂	一般
		电缆沟内有垃圾、杂物	一般
		电缆沟沟体坍塌、或开裂	重大
		有重型建筑材料、垃圾、杂物等物堆积上面	一般
		电缆沟内有白蚁活动	一般
		电缆走廊标志缺失	一般
		电缆通道上方有建筑物	一般
		电缆通道上方有竹、木	一般
		电缆桥架有缺损、锈蚀	一般
		电缆桥架无标示	一般
		直埋敷设的电缆地表有开挖痕迹、沉陷	重大
		电缆伸缩装置缺损、锈蚀	一般
电缆辅助设施	回流线	回流线断开、破损、缺失	重大
		防盗措施不满足要求	重大
		大门缺失	重大
		大门锈蚀	一般

续表

项目	缺陷部位	缺陷表象描述	严重等级
电缆辅助设施	终端场、终端塔	排水沟堵塞、不畅通或毁坏	一般
		标志牌损坏、缺失	一般
		终端场地面下沉、开裂	一般
		终端塔护坡塌方	重大
		终端站、终端塔内环境较差	一般
		终端站、终端塔内没有排水口	一般
		塔上终端电缆缺少电缆保护管或保护管损坏	一般
		终端场围墙有开裂、下沉、倒塌现象，围栏破损	重大
	避雷器	避雷器计数器损坏或异常	重大
		避雷器计数器引线被盗	重大
		避雷器污秽严重	重大
		避雷器试验不合格	重大
		避雷器标示牌损坏、缺失	一般
	监控系统	监控设施损坏、误报	一般
	T接房	消防设施不满足要求	重大
		防盗设施不满足要求	重大
	管道光缆	通道中断	重大
	导引电缆	通道中断	重大
		端子箱损坏、锈蚀	一般

二、电力电缆日常维护工作内容

1. 负荷监视

对电缆负荷的监视,可以掌握电缆线路负荷变化情况,控制电缆线路原则上不过负荷,分析电缆线路运行状况。由于过负荷对电缆的危害很大,应经常测量和监视电缆的负荷。电缆线路负荷的测量可用钳型电流表测定,保持电缆线路在规定的允许持续载流量下运行。

为了防止电缆绝缘过早老化,线路电压不得过高,一般不应超过电缆额定电压的 15%。

2. 温度监视

电缆线路运行时将受到环境条件和散热条件的影响,而且在电缆线路故障前期局部会伴随有温度升高现象,因此有必要对电缆线路进行温度监测。

利用各种仪器测量电缆线路外皮、电缆接头以及其他部位的温度,目的是防止电缆绝缘超过允许最高温度而缩短电缆寿命、提前预防电缆事故的发生。

测量电缆温度应在夏季或电缆负荷最大时进行,应选择电缆排列最密处或散热条件最差处及有外界热源影响的线段。

测量直埋电缆温度时,应测量土壤温度。测量土壤温度热电偶温度计的装置点与电缆间的距离不小于 3m。

新投运的电缆冷头要用红外线温度测试仪进行跟踪检查,在停电检修期间安排人员对其导电连接部分进行紧固;由于电缆冷头的连接靠双头螺丝等机械力压接导电接触面,工作负荷电流、故障短路电流全靠压接面来进行能量传递,热胀冷缩和电磁振动等都可能造成接触不良。

3. 腐蚀监视

电缆腐蚀一般指电缆金属铅包或铝包皮的腐蚀,可分为化学腐蚀和电解腐蚀。化学腐蚀的原因一般是电缆线路附近的土壤中含有酸碱的溶液、氯化物、有机物腐殖质及炼铁炉灰渣等。产生电解腐蚀的主要根源是直流电车轨道或电气铁道流入大地的杂散电流引起的。

防止化学腐蚀的方法:

· 收集土壤资料,进行化学分析,以判断土壤和地下水的侵蚀程度。采取措施,更改路径,部分更换不良土壤,或将电缆穿在耐腐蚀的管道中等。

· 发现电缆有腐蚀,或发现电缆线路上有化学物品渗漏时,掘开泥土检查电缆,并对附近土壤作化学分析,确定其损坏的程度。

- 对室外架空敷设的电缆,定期涂刷防腐漆。

防止电解腐蚀的方法:

- 提高电车轨道与大地间的接触电阻。

- 加强电缆包皮与附近巨大金属物体间的绝缘。

- 装置排流或强制排流、极性排流设备,设置阴极站等。

- 加装遮蔽管。

4. 在线监测

随着交联聚乙烯电力电缆的广泛应用,其运行状况在线监测技术也得到了发展,在国外(如日本)已有较多的应用。对交联聚乙烯电力电缆运行状况进行在线监测,主要是从电压、电流、局放量或运行温度、含水量等参数入手,对 XLPE 电力电缆的主绝缘及外护套运行状况进行监测。

5. 电缆及沟道防火

电缆火灾事故无论是受外界火源引起或自身故障造成,都具有火势猛、蔓延快、抢救难、损失严重等特点。电缆着火原因多种多样,难以从根本上避免。因此,为避免电缆火灾事故的严重损失,一方面要积极设法清除电缆着火的隐患;另一方面,必须高度重视有效防止电缆着火延燃的对策。

目前,较为普遍的电缆防火方法是用防火材料来阻燃,防止延燃。

膨胀型防火涂料的主要特点是以较薄的覆盖层起到较好的防火、阻燃效果,几乎不影响电缆的载流量。由于涂料在高温下比常温时膨胀许多倍,因此能充分发挥其隔热作用,更有利于防火阻燃,却不至于妨碍电缆的正常散热。

这种涂料具有刷涂和喷涂施工方便的长处,即使在狭窄隧道也可进行施工。然而对于大截面电缆,对电缆的热胀冷缩涂膜也不一定能适应,防火涂料多应用于中低压电缆,不适用于大截面的高压电缆。

防火包带的优点是可弥补涂料的缺点,适合于大截面的高压电缆,具有加强机械强度的保护作用;施工比涂料简便,能准确把握缠绕厚度,质量易得到保证。

6. 外力损伤的防止

外力破坏事故主要发生在电缆线路本体。电缆在受到外力损坏后,由于密封破坏,有时需要一定时间的运行才会因进潮而使绝缘电阻下降引发运行故障。外力隐患的存在对电缆的安全运行构成了潜在的威胁,具有较大的危害性,并且具有不可预测性、突发性,给电缆的运行工作带来了一定的不利因素。

防止电缆的外力损伤,应做好以下方面的工作:

· 建立制度,加强宣传。

· 加强线路的巡查工作。

· 加强电缆的防护和施工监护工作。

· 对电力电缆的运行探索行之效的管理方法。

7. 防止小动物损害电缆

近年来白蚁啃咬电缆造成事故案例较多,这类情况在敷设电缆时可能被忽视,在得到当地居民反映或相关部门汇报后,应对电缆加强巡视。尤其是地埋电缆,必要时开挖检查,发现白蚁较多时,应及时向上级反映并采取处理措施。

第三节　电力电缆线路巡视方法和要求

电缆巡视和维护是为了掌握电缆运行状态,及时发现和消除电缆线路及其附属设备上存在的缺陷,检查电缆周围环境是否满足运行环境要求,在电缆故障时查找故障点,以确保安全可靠供电。电缆巡视分为定期巡视、特殊巡视和故障时事故查找。

一、巡视安全注意事项

1. 夜间巡视应携带照明工具。

2. 进入电缆隧道,应首先检查隧道内含氧量,防止对人身造成伤害;注意隧道内积水情况,防止毒蛇及其他动物对人员造成伤害。

3. 沿电缆线路走向巡视时,应注意旁边建筑物和道路障碍。

4. 巡视时遇有雷电,应远离巡视设备,防止雷电波入侵电缆对人身造成伤害。

5. 电缆线路跳闸后事故查找时,应将电缆视为带电设备,查找时严禁用手触摸。

6. 开启后的电缆盖板应封盖严密。

二、巡视的内容

1. 明敷电缆

检查电缆外表有无锈蚀、损伤,沿线挂钩或支架有无脱落,线路上及附近有无堆放易燃易爆及强腐蚀性物质。电缆标牌完整、清晰，相序安装符合要求。

2．地埋电缆

电缆标牌完整、清晰，有明确的走向标志。对敷设于地下的每一条电缆线路，应查看路面是否正常，有无开挖痕迹、堆物或线路标桩是否完整无缺等。与电缆线路交叉、并行电气机车路轨的电缆连接线是否良好。电缆线路与铁路、公路及排水沟交叉处有无缺陷。

3．水底电缆

每年检查一次水底路线情况。在潜水条件允许的情况下，派遣潜水人员潜水检查，当潜水条件不允许时，可测量河床的变化情况。

4．沟道、隧道内的电缆

室外电缆沟上部应比地面稍高，加盖用混凝土制作的盖板，电缆应平敷在支架上，且排水良好，雨后应检查沟内排水情况。

隧道、电缆夹层应检查孔洞封堵完好，通风、排水及照明设施是否完整，防火装置有无失灵。

检查小室、终端站门锁开闭正常、门缝严密，如进出口、通风口防小动物进入的设备是否齐全,出入通道是否通畅。

检查隧道、人井内有无渗水、积水,有积水时要排除,并将渗漏处修复,暂不能修理的应上报。

检查隧道、人井内电缆及接头情况,应特别注意电缆和接头有无漏油,接地是否良好,必要时测量接地电阻和电缆的电位,防止电缆腐蚀。

检查隧道、人井电缆支架上有无撞伤或蛇形擦伤,支架是否有脱落现象。

检查人井盖和井内通风情况,井体有无沉降及有无裂缝,电缆及接头位置是否固定正常,电缆及接头上的防火涂料或防火带是否完好。

检查隧道电缆的位置是否正常,接头有无漏油、变形、温度是否正常,防火设备是否完善有效,检查隧道的照明是否完善。

电力井、排管、隧道、电缆沟、电缆桥、电缆夹层等附属设备应检查金属构件,如支架、接地扁铁是否锈烂;对于备用排管应用专用工具进行疏通,检查其有无断裂现象。

5. 附件及其他

对于电缆终端,应检查终端有无放电现象;电缆铭牌是否完好;交联电缆终端热缩、冷缩或预制件有无开裂、积灰;终端引出线接点有无发热或放电现象，接地线有无脱焊，户外靠近地面一段的电缆保护管是否被车碰撞等。

多并电缆要检查电流分配和电缆外皮的温度情况，防止因接点不良而引起电缆过负荷或烧坏接点。

安装有保护器的单芯电缆，在通过短路电流后，定期检查阀片有无击穿或烧熔现象。对于 GIS 终端应特别注意检查筒内有无放电声响。检查电缆接地箱、交叉互联箱、换位箱外壳及接地端无锈蚀，无进水受潮。

单芯电缆应监测其金属护层接地线电流，有较大突变时应停电进行外护套接地电流试验，查找外护套破损点。

三、定期巡视周期规定

1. 地面巡视内容（见表 5-2）

表 5-2　电缆线路巡视内容及周期

巡视内容	巡视周期
电缆线路通道(包括直埋、工井、排管、隧道、电缆沟、电缆桥)上的路面	根据电缆护线巡视制度定期进行巡视和检查
发电厂、变电站内的电缆线路通道上的路面	视情况定期进行巡查，一般应每三个月至少一次
已暴露的电缆或电缆线路通道附近有施工的路面	按照电缆线路沿线及保护区内施工的监护制度，酌情缩短巡查周期。建议每日最少一次

2. 电缆线路及其附属设备的可见部分巡视(见表5-3)

表5-3 电缆线路及其附属设备的可见部分巡视

巡视内容	巡视周期
电缆户内、外终端	10kV：1次／2～4年； 35kV：1次／年； 110kV及以上：1次／季； 供电可靠性要求较高的重要用户及其上级电源电缆，应按特殊情况要求，酌情缩短巡查周期
泵站的电缆线路	每年汛期前进行巡查
污秽地区的主设备户外电缆终端	每年汛期前进行巡查
装有油位指示的电缆终端	根据污秽地区的污秽程度予以决定
每年冬、夏电网负荷高峰期间	按要求做好电缆负荷及终端接点温度的监测工作
电缆户内、外终端	10kV：1次／2～4年； 35kV：1次／年； 110kV及以上：1次／季； 供电可靠性要求较高的重要用户及其上级电源电缆，应按特殊情况要求，酌情缩短巡查周期
泵站的电缆线路	按要求做好电缆负荷及终端接点温度的监测 每年汛期前进行巡查
污秽地区的主设备户外电缆终端	每年汛期前进行巡查
装有油位指示的电缆终端	根据污秽地区的污秽程度予以决定
每年冬、夏电网负荷高峰期间	

利用在线监测系统辅助开展巡视工作,减轻巡视强度,有效监控电缆运行状态。目前在线监测的内容有电缆温度监测、电缆接地电流在线监测、局部放电在线监测、电力隧道井盖集中监控系统、电力隧道水位和有害气体在线监测等。

四、特殊巡视

1. 主要检查情况及检查项目

电缆线路基本不受气候影响,但埋于地下电缆在水中长期浸泡后易发生受潮,绝缘能力降低,导致击穿事故发生。在遇有暴雨时,应对电缆进行特巡。雨后直埋电缆应检查走向区内是否排水畅通,塌陷或地表温度升高,必要时挖掘检查。

地面振动后电缆易发生扭曲变形,电缆隧道变形坍塌,电缆接头变形,损坏电缆。在有地面严重受震动时或地震后,应对电缆进行特巡。隧道敷设应检查隧道内排水通畅情况,四壁有无裂纹,支架上电缆有无变形。电缆接头、接地盒、终端盒是否变形移位。

在接到相关市政部门通知或现场人员通知,在电缆上方有施工或隧道上方有施工时,应每日对铺设电缆的区域进行检查。检查隧道是否有裂纹、渗水,电缆沟是否变形或有其他杂物,地埋电缆是否被挖出或受损。

2. 特殊巡视时的注意事项

(1)在暴雨时检查电缆沟要做好人员防水淹措施,地面受振时检查电缆沟内电缆在确认无坍塌危险时方可下井检查。

(2)夜间巡视时,手电筒照明要充足。注意头上脚下。

(3)恶劣天气时一般不进行电缆巡视,等天气好转巡视电缆时,必须留意室外环境变化,挡土场、围墙坍塌,树木、杆塔倾倒,积水坑注等异常状况可能对人生设备造成危害。

(4)雨天特巡电缆要穿绝缘靴,穿雨衣,发现电缆有打火、冒烟、爆炸,立刻离开现场。雷雨天气不得巡视。

五、故障巡视

电缆故障有接地故障、短路故障、断线故障,原因包括机械损伤、铅包疲劳、龟裂、胀裂,户外终端头爆炸、电缆中间接头爆炸。在发生故障时造成变电站开关跳闸,需要进行故障查线。

对于电缆线路,在出现故障时,应首先了解电缆的敷设情况和电缆走向,了解电缆走向上是否有施工或其他特殊情况发生,易于尽早查出故障点。

在发生电缆隧道内电缆故障时,在进入隧道时应检查氧气含量,有明火时,戴上防雾面具或正压呼吸器,使用灭火器灭火,必要时停用同一隧道内电缆电源,防止对人身造成伤害。

六、电缆故障的测寻

电缆发生故障后,一般的测寻步骤如下:

1. 确定故障性质

根据故障发生时出现的现象及一些简单试验,初步判断故障的性质,确定故障电阻是高阻还是低阻,是闪络还是封闭性故障,是接地短路、断线,还是它们的混合,是单相、两相还是三相故障。例如,运行中的电缆发生故障时,若只有接地信号,则有可能是单相接地故障;若继电保护过流动跳闸,则有可能发生两相或三相短路,或者是发生了短路与接地混合故障。通过初步判断,尚不能完全将故障的性质定下来,则必须测量绝缘电阻和进行导通试验。

2. 故障点的烧穿

即通过烧穿将高阻故障或闪络故障变成低阻故障,以便进行粗测。

3. 粗测

在电缆的一侧使用仪器测量故障距离,并利用电缆线路技术资料计算出故障点的位置。

4．路径的测寻

对于图纸资料不齐全或电缆路径不明的,可通过音频感应探测法和脉冲磁场法,找出故障电缆的敷设路径和埋没深度,以便进行定点精测。音频感应探测法是向电线中通入音频信号电流,根据接收线圈中接收机接收到的音频信号强弱来确定路径。

5．故障点的精测定点

通过冲击放电声测法、音频感应法、声磁同步检测法等方法确定故障点的精确位置。声测法只适用于低阻接地的电缆故障,对金属性接地故障的效果不佳。感应法适用于金属性接地故障和相间短路故障。

上述五个步骤是一般的测寻步骤,实际测寻时,可根据具体情况省略其中的一些步骤。例如,电缆敷设路径很准确可不必测寻路径,对于高阻故障,可不经烧穿而直接使用闪络法进行,对于一些闪络性故障,不需要进行定点,可根据测寻得到的距离数据查阅资料,可直接对中间接头检查判断,对于电线沟或隧道内的电缆故障,可进行冲击放电,直接监听来确定故障点。

第四节 电缆线路运行作业程序

一、电缆线路常规运行巡视作业程序

1. 运行人员配备

每次巡视可以1人,隧道巡视至少2人。

2. 主要工器具和资料配备(见表5-4)

表5-4 巡视携带设备

序号	名称	规格	单位	数量	备注
1	望远镜		部	1	随车配备
2	绝缘靴、绝缘手套		双	各2	校验合格,在校验周期内
3	安全帽		顶	2	校验合格,在校验周期内
4	通信工具		部	1	
5	巡视检查接地箱或终端站需要的各类钥匙		套	1	
6	数码相机		只	1	
7	油漆笔		支	2	
8	防水带、相色带、防火带、绝缘带		卷	各10	随车配备
9	大卡钳		把	1	随车配备
10	安全标识牌		块	4	随车配备
11	安全警示带		盘	2	随车配备

序号	名称	规格	单位	数量	备注
12	钳型电流表		只	1	校验合格,在校验周期内
13	红外测温仪		套	1	校验合格,在校验周期内
14	灭火器(干粉)		瓶	1	校验合格,在校验周期内(随车配备)
15	手电筒、应急灯		只	1	
16	应急医药箱		箱	1	随车配备
17	电力设施保护告知书		本	1	
18	整改通知书		本	1	
19	电缆线路巡视记录薄		本	1	
20	记录文件夹		本	1	

3. 工作前准备

熟悉基础资料:掌握所巡电缆线路型号、长度、接头数量、接头安装位置、接地方式、历史故障情况及相关变更记录。

查阅巡视记录:对以往记录进行分析,确定巡视重点和要点。

4. 工作任务单

运行负责人根据现场情况等相关资料,签发工作任务单,工作负责人(设备主人)确认无误后接受工作任务单。

5. 二交一查

工作前,运行班班长应组织班前会,召集运行班成员进行

"二交一查"工作,根据巡视周期合理安排巡视任务,包括交代巡线任务、安全措施和技术措施,进行危险点告知,检查人员状况和巡视工作准备情况。

6. 内容和要求(见表5-5)

表5-5　电缆巡视内容及注意事项

序号	作业内容	作业要求	注意事项
1	电缆终端	(1)引下搭头线和连接点无变动或发热现象,引下线无散股或断股,形状无变形; (2)套管无渗油、无严重污垢、无裂纹、无倾斜,无放电痕迹现象,无锈蚀; (3)法兰盘同终端头尾管、电缆头支架、电缆套管应紧固,无锈蚀; (4)密封件无松动,密封良好,无渗漏; (5)相色标识清晰、无脱落,金属部件外观表面无损伤; (6)固定电缆金具无锈蚀、变形、丢失; (7)电缆引上部分PE层无损伤,防火措施完好,电缆保护管完好; (8)围栏无损坏,设施完整,无大型的灌木生长和藤、蔓等攀附物攀爬;	(1)严格执行国家电网公司电力安全工作规程(试行)的有关规定; (2)巡线工作应由有线路工作经验的人员担任。单独巡线人员应考试合格并经工区(公司、所)主管领导批准。暑天、大雪天等恶劣天气,必要时由两人进行; (3)电缆隧道巡视由两人进行。进入电缆竖井、隧道,巡视人员应注意有害气体造成的缺氧窒息和沼气爆炸。严禁明火;

续表

序号	作业内容	作业要求	注意事项
1	电缆终端	(9)终端杆、塔无私拉乱接现象，终端杆塔及围墙没有下沉和歪斜现象，终端带电裸露与邻近物(树木、建筑物等)应保持足够的安全距离； (10)室内 GIS 终端无渗漏油，各档抱箍固定良好，门窗防小动物设施完整，房顶及墙壁无渗水，防火措施到位	(4)巡视中注意安全问题： 1)巡线时应穿绝缘鞋或绝缘靴；雨、雪天巡视，应注意路滑，以免扎伤或摔伤； 2)在郊区/城乡接合部巡线、绿化带/灌木丛巡视，应防止被狗、蛇咬、蜂蛰； 3)单人巡视时禁止攀登树木和杆塔，以防高处坠落； 4)变电所内巡视应得到变电所值班人员的允许和必要陪同，无人值班变电所应 2 人巡视，以免误入带电间隔，造成触电伤害； 5)过马路时，要注意瞭望，遵守交通法规，以免发生交通意外事故； (5)在外单位管线施工监护指导中，巡视人员应注意防机械施工工具及其他不可预计因素的伤害
2	电缆构筑物	电缆沟(包括直线转弯工井、接头工井)	(1)盖板应齐全、完整，无破损，封盖严密，电缆井盖无破损，无丢失； (2)沟内无积水和杂物，电缆支架牢固可靠，无严重锈蚀，电缆排列有序，阻火墙完好； (3)两侧孔洞封堵严密，防火水泥砂不流失，冲砂量充足； (4)全线电缆沟、井应无挖掘痕迹。沟、工井表面无违章建筑物、堆积物、酸碱性等腐蚀物。沟体无倾斜、变形及塌陷； (5)沟内无刺激性气味； (6)工井内应无积水、积油、杂物，电缆应排列整齐，固定可靠，支架及金属件无锈蚀，防火设施、涂料、阻火墙完好；

序号	作业内容		作业要求	注意事项
2	电缆构筑物	电缆沟（包括直线转弯工井、接头工井）	(7)沟、工井(中间接头工井)沿线应能正常打开,便于施工及检修; (8)检查在电缆保护区范围内,平行或交叉施工的施工单位采取安全措施是否到位; (9)沟(井)内PE外护层无损伤痕迹,进出管口电缆无压伤变形,电缆无扭曲变形,保证电缆弯曲半径不小于20D; (10)多根并列电缆相间距离正常,以免某条电缆发热故障影响其他电缆; (11)进入电缆竖井内,首先采取措施后方可继续工作,即排除井内沼气,戴安全帽,井口应有专人看守,检查时如有刺激性气味或身体不适,应迅速离开工作现场; (12)中间接头及两端电缆防火涂料无脱落,防火包带无松弛,多条电缆线路共用防火隔墙应完好; (13)现场认真检查有无白蚁咬伤电缆	
		隧道	(1)进入前,应开启通风(至少15 min)和照明设施,通风、照明、排水设施应完好,孔洞封堵严密,无积水、杂物等,隧道内无严重渗、漏水;	

续表

序号	作业内容		作业要求	注意事项
2	电缆构筑物	隧道	(2)电缆位置正常,无扭曲,PE层无损伤,电缆运行标识清晰齐全;防火墙、防火涂料、防火包带应完好无缺,防火门开启正常; (3)中间接头无变形,防水密封良好;接地箱无锈蚀,密封良好;同轴电缆、保护电缆、接地电缆外皮无损伤,密封良好,接触牢固;接地引线无断裂,紧固螺丝无锈蚀,接地可靠; (4)电缆固定夹具构件、支架,应无缺损、无锈蚀,应牢固无松动; (5)现场认真检查有无白蚁咬伤电缆; (6)隧道结构应坚实牢固,无开裂或漏水痕迹; (7)隧道内其他管线无异常状况	
		钢架桥/钢管桥	(1)桥上钢材应齐全,钢管桥本体无开裂痕迹,两侧基础无明显变化,附属管材无明显老化,钢材桥架和连接螺丝无缺损、无锈蚀; (2)桥上电缆外观正常完好,两侧围栏无缺损、无锈蚀; (3)桥上电缆固定夹具无缺损、无锈蚀,应牢固无松动,构件、支架无发热现象	

序号	作业内容		作业要求	注意事项
2	电缆构筑物	顶管	(1)区域水上作业有无大型钻探或者水下隧道等施工,两侧引上岸周边有无开裂痕迹或者开挖施工; (2)区域地面作业有无大型钻探或者地下隧道等施工,两侧引上部分周边有无开挖施工; (3)有无其他危及电缆安全的施工作业	
		水(海)底电缆	(1)检查两边岸上露出部分有无变动; (2)保护区内有无危及电缆安全的水下作业	
3	避雷器		(1)引下搭头线和连接点无变动或发热现象,引下线无散股或断股,形状无变形; (2)套管应完整,表面无放电痕迹,检查并记录放电计数器的计数值; (3)检查泄漏电流,在正常运行允许范围值之内	
4	接地系统		(1)接地系统各接地箱完整,箱内电气连接设施完整,无缺损情况;	

续表

序号	作业内容	作业要求	注意事项
4	接地系统	(2)终端接地电缆同终端头尾管、接地箱、接地极间应紧固良好,无锈蚀,接地装置外观检查良好; (3)终端接地箱密封良好无严重锈蚀,外壳及接地引出线与接地级接触良好、牢固,固定螺丝无严重锈蚀; (4)终端接地电缆与主电缆本体绑扎恰当且紧固,各档抱箍固定良好; (5)接地箱内同轴电缆、保护电缆、接地电缆、回流缆完整,连接处牢固,外皮无损伤,接地电缆与接地极接触牢固,固定螺丝无明显锈蚀; (6)中间接头接地箱无损伤,无锈蚀,密封完好,接地良好,保护器完好无损	
5	标志物	(1)中间接头、相间运行标志、线路名称、相位标牌齐全清晰;接地箱线路名称、相位标识清晰; (2)终端塔(杆)线路铭牌完整,相位标识清晰; (3)室内 GIS 终端线路铭牌完整、相位正确;	

序号	作业内容	作业要求	注意事项
5	标志物	(4)终端围栏无损坏,设施完整,警告、指示标志齐全; (5)全线电缆构筑物标志砖、警告牌路径指示正确,安装地段妥善,安装距离恰当,标牌数量适中; (6)电缆挂牌上的标识应清晰,电缆警示标牌齐全; (7)隧道内电缆电缆运行标识清晰齐全; (8)桥上电缆两侧围栏指示、警告标志齐全; (9)顶管、水(海)底电缆两侧标志是否齐全; (10)钢管桥两侧有限高标志	
6	巡视终结	(1)在《电缆线路巡视记录簿》中做好相应记录; (2)对存在安全隐患的一般、重大缺陷应填写《电缆缺陷传送单》,发现紧急缺陷应立即汇报并及时做好图片资料拍摄收集工作; (3)对电缆构筑物上外单位的开挖施工,应根据安全隐患的影响程度做好《电力设施保护告知书》和《整改通知书》的及时签署	

二、电缆线路特殊运行巡视作业程序

1. 运行人员配备

视具体情况配备。

2. 主要工器具和资料配备（见表 5-6）

表 5-6　电缆线路特巡所携设备

序号	名称	规格	单位	数量	备注
1	望远镜		部	1	随车配备
2	绝缘靴、绝缘手套		双	各2	校验合格，在校验周期内
3	安全帽		顶	2	校验合格，在校验周期内
4	通信工具		部	1	
5	巡视检查接地箱或终端站需要的各类钥匙		套	1	
6	数码相机		只	1	
7	油漆笔		支	2	
8	防水带、相色带、防火带、绝缘带		卷	各10	随车配备
9	大卡钳		把	1	随车配备
10	安全标识牌		块	4	随车配备
11	安全警示带		盘	2	随车配备
12	钳型电流表		只	1	校验合格，在校验周期内
13	红外测温仪		套	1	校验合格，在校验周期内
14	灭火器（干粉）		瓶	1	校验合格，在校验周期内（随车配备）
15	手电筒、应急灯		只	1	

序号	名称	规格	单位	数量	备注
16	应急医药箱		箱	1	随车配备
17	电力设施保护告知书		本	1	
18	整改通知书		本	1	
19	电缆线路巡视记录簿		本	1	
20	记录文件夹		本	1	

3．工作前准备

熟悉基础资料：掌握所巡电缆线路型号、长度、接头数量、接地方式、历史故障情况及相关变更记录。

查阅巡视记录：对需特殊巡视线路的历史巡视记录进行分析，确定巡视重点和要点。

4．工作任务单

运行负责人根据现场情况等相关资料，签发工作任务单，工作负责人（设备主人）确认无误后接受工作任务单。

5．二交一查

工作前，运行班班长应组织班前会，召集运行班成员进行"二交一查"工作，根据巡视周期合理安排巡视任务，包括交代巡线任务、安全措施和技术措施，进行危险点告知，检查人员状况和巡视工作准备情况。

6. 内容和要求（见表 5-7）

表 5-7　电缆特巡内容及注意事项

序号	作业阶段	作业要求	注意事项
1	保供电巡视（五一节/国庆节/春节等）	（1）终端、避雷器引下搭头线和连接点无变动或发热现象，引下线无散股或断股，形状无变形； （2）终端套管无渗油、无严重污垢、无裂纹、无倾斜、无放电痕迹现象； （3）密封件无松动，密封良好，无渗漏； （4）终端杆、塔及围墙没有下沉和歪斜现象，终端带电裸露与邻近物（树木、建筑物等）应保持足够的安全距离； （5）室内 GIS 终端密封件无松动，无渗漏油； （6）盖板应齐全、完整，无破损，封盖严密，电缆井盖无破损、无丢失； （7）全线电缆沟、井应无挖掘痕迹。沟、工井表面无违章建筑物、堆积物、酸碱等腐蚀物；沟体无倾斜、变形及塌陷；	（1）严格执行国家电网公司电力安全工作规程（试行）的有关规定； （2）巡线工作应由有线路工作经验的人员担任。单独巡线人员应考试合格并经工区（公司、所）主管领导批准。暑天、大雪天等恶劣天气，必要时由两人进行； （3）电缆隧道巡视由两人进行。进入电缆竖井、隧道，巡视人员应注意有害气体造成的缺氧窒息和沼气爆炸。严禁明火； （4）巡视中注意安全问题： 1）巡线时应穿绝缘鞋或绝缘靴；雨、雪天巡视，应注意路滑，以免扎伤或摔伤； 2）在郊区/城乡接合部巡线、绿化带/灌木丛巡视，应防止被狗、蛇咬、蜂蜇； 3）单人巡视时禁止攀登树木和杆塔，以防高处坠落； 4）变电所内巡视应得到变电所值班人员的允许和必要陪同，无人值班变电所应 2 人巡视，以免误入带电间隔，造成触电伤害； 5）过马路时，要注意瞭望，遵守交通法规，以免发生交通意外事故； （5）非常规环流测试时，巡视人员应使用绝缘手套，禁止裸手触摸接地箱内电气设施
2	特殊运行方式（重负荷/单回路等）		

序号	作业阶段	作业要求	注意事项
2	特殊运行方式(重负荷/单回路等)	(8)隧道内通风、照明、排水设施应完好,孔洞封堵严密,无积水、杂物等,隧道内无严重渗、漏水; (9)桥上钢材应齐全,钢管桥本体无开裂痕迹,两侧基础无明显变化,附属管材无明显老化; (10)顶管区域、水(海)底电缆水域无其他危及电缆安全的施工作业; (11)避雷器套管应完整,表面无放电痕迹,放电计数器的计数值正常; (12)接地系统各接地箱完整,箱内电气连接设施完整,无偷盗缺损情况; (13)终端测温温度正常、接地系统环流测试无异常	

续表

序号	作业阶段	作业要求	注意事项
3	外力影响	(1)构筑物旁无危及电缆运行安全的道路扩建改造、房屋拆除、大楼建造、地下建筑建设、河道整治等施工; (2)保护区范围内及附近无危及电缆运行安全的煤气、污水、自来水、电信、热力、电力等其他地下管线施工	在外单位管线施工监护指导中,巡视人员应注意防机械施工工具及其他不可预计因素的伤害
6	巡视终结	(1)在《电缆线路巡视记录簿》中做好相应记录; (2)对存在安全隐患的一般、重大缺陷应填写《电缆缺陷传送单》,发现紧急缺陷应立即汇报并及时做好图片资料拍摄收集工作; (3)对电缆构筑物上外单位的开挖施工,应及时进行图纸、路径交底,有必要时予以制止。根据安全隐患的影响程度做好《电力设施保护告知书》和《整改通知书》的及时签署	

三、电缆线路故障查找巡视作业程序

1. 运行人员配备:至少2人以上。

2. 主要工器具和资料配备(见表5-8)

表 5-8　电缆线路故障特巡所携设备

序号	名称	规格	单位	数量	备注
1	望远镜		部	1	随车配备
2	绝缘靴、绝缘手套		双	各2	校验合格,在校验周期内
3	安全帽		顶	2	校验合格,在校验周期内
4	通信工具		部	1	
5	巡视检查接地箱或终端站需要的各类钥匙		套	1	
6	数码相机		只	1	
7	油漆笔		支	2	
8	防水带、相色带、防火带、绝缘带		卷	各10	随车配备
9	大卡钳		把	1	随车配备
10	安全标识牌		块	4	随车配备
11	安全警示带		盘	2	随车配备
12	钳型电流表		只	1	校验合格,在校验周期内
13	红外测温仪		套	1	校验合格,在校验周期内
14	灭火器(干粉)		瓶	1	校验合格,在校验周期内(随车配备)
15	手电筒、应急灯		只	1	
16	应急医药箱		箱	1	随车配备

续表

序号	名称	规格	单位	数量	备注
17	电力设施保护告知书		本	1	
18	整改通知书		本	1	
19	电缆线路巡视记录簿		本	1	
20	记录文件夹		本	1	

3. 工作前准备

查阅图纸资料:掌握故障电缆线路型号、长度、接头数量、对接头实际位置、接地方式、历史故障修复情况及相关变更记录。

查阅巡视记录:对以往常规巡视记录进行分析,确定电缆路径故障查找巡视重点和要点。

携带竣工图纸资料:以便故障巡视查找中进行核对。

4. 工作任务单

运行负责人根据现场情况等相关资料,签发工作任务单,工作负责人(设备主人)确认无误后接受工作任务单。

5. 二交一查

故障巡视前,运行班班长应组织紧急会议,召集运行班成员进行"二交一查"工作,包括交代巡线任务、安全措施和技术措施,进行危险点告知,检查人员状况和故障巡视工作准备情况。并对故障电缆的相关竣工资料、设备参数信息要有全面的掌握和熟悉,结合日常巡视记录和运行设备状态进行总体分析,列出可能故障点;有组织、有计划、有步骤地进行巡视准备。

6．内容和要求(见表 5-9)

表 5-9　电缆线路故障特巡工作内容及注意事项

序号	作业阶段	作业要求	注意事项
1	电缆构筑物检查	(1)工井、管道无塌方、沉陷,盖板无断裂破损,有异常情况应进行开启检查; (2)工井、管道上方绿化、沥青、盖板、护栏等无异常,有焦黄、熏黑、新鲜裂痕等异常情况应进行排除检查; (3)中间接头装置地点位置及周边有无异常状况,防爆管温度感知是否偏高; (4)接地箱内设施是否完整正常,保护器无明显开裂、焦黑痕迹,箱内感知温度正常; (5)电缆终端瓷瓶或复合套管完整无损,无明显焦黑、漏油、开裂等异常痕迹; (6)对构筑物两侧的单位、居民进行异常状况的主动探听了解。对有用的信息进行采纳收集、分析判断	(1)严格执行国家电网公司电力安全工作规程(试行)的有关规定; (2)巡线工作应由有线路工作经验的人员担任; (3)电缆隧道巡视由两人进行。进入电缆竖井、隧道,巡视人员应注意有害气体造成的缺氧窒息和沼气爆炸。严禁明火; (4)巡视中注意安全问题: 1)巡线时应穿绝缘鞋或绝缘靴;雨、雪天巡视,应注意路滑,以免扎伤或摔伤; 2)在郊区/城乡接合部巡线、绿化带/灌木丛巡视,应防止被狗、蛇咬、蜂蜇; 3)单人巡视时禁止攀登树木和杆塔,以防高处坠落; 4)变电所内巡视应得到变电所值班人员的允许和必要陪同,无人值班变电所应 2 人巡视,以免误入带电间隔,造成触电伤害; 5)过马路时,要注意瞭望,遵守交通法规,以免发生交通意外事故; (5)在外单位管线施工监护指导中,巡视人员应注意防机械施工工具及其他不可预计因素的伤害

续表

序号	作业阶段	作业要求	注意事项
2	外力影响	(1)道路扩建改造、房屋拆除、大楼建造、地下建筑建设、河道整治等施工安全威胁情况,有异常状况开启检查; (2)保护区范围附近煤气、污水、自来水、电信、热力、电力等地下管线施工、抢修安全威胁情况,有异常进行开启检查; (3)常规巡视记录中历史开挖点的延伸影响,有异常开启检查	
3	巡视终结	(1)对可疑故障点应及时做好图片资料拍摄收集,并及时向生技部门报告; (2)在《电缆线路巡视记录簿》中做好相应记录; (3)召开事故分析会。总结故障查线过程中存在的问题及应吸取的经验,记录到工作日志中	

第三部分　安全管理

第六章　输电线路运维安全管理

输电线路的检修工作大多在运行线路已经停电情况下进行，多为高空作业。高空作业往往因作业人员的失误，而造成高空坠落及触电事故。另外，输电线路在检修过程中会因线路杆塔强度降低及导线磨损等而导致人身伤害事故。所以，线路检修的安全措施是一个不可忽视的极其重要的内容。在进行线路各项检修工作中，应注意以下安全要求，以便保证检修工作顺利进行和人身及设备的安全。

1. 断开电源和验电

对于停电检修的电力线路，首先必须断开电源。对于配电系统还要注意防止环形供电、低压侧用户备用电源的反送电和高压线路对低压线路的感应电压。为此，对检修的线路必须用合格的验电器，在停电线路上进行验电，以确保待检修线路确实是停电线路。

检验电气设备、导线上是否有电的专用安全用具是验电器,这种验电器分高压、低压两种。高压验电器 GHY 型,是利用带电导体尖端放电产生的电风驱动指示叶片旋转来确定是否有电。GHY 型验电器,具有直观、明显和易于识别、判断的优点。除 GHY 型验电器外,常用的还有发光型高压验电器和声光型高压验电器。

GHY 型验电器共有三种型号,适用于不同的电压等级,该验电器的有关数据见表 6-1。低压验电器,又称验电笔,是用于检验低压电气设备和低压线路是否带电的一种安全用具,只能在 100~500V 范围内的设备上使用。

表 6-1　GHY 型验电器有关数据表

型号	使用电压(kV)	指示器颜色	配用绝缘棒
GHY-10	6~10	绿色	0.9m,2 节
GHY-35	35	黄色	0.9m,2 节
GHY-110	110	红色	1.2m,4 节

对于 330kV 以上的线路,在没有相应电压等级的专用验电器的情况下,可用合格的绝缘杆或专用绝缘绳验电。验电时,绝缘棒的验电部分逐渐接近导线,听其有无放电声。有放电声,则表明线路有电,否则线路无电。验电时应注意逐相进行,

并戴绝缘手套操作,同时派专人监护。

对同杆塔架设的多层电力线路进行验电时,应先验低压线,后验高压线,先验下层导线,后验上层导线。

输电线路停电检修,必须严格执行有关输电线路停电工作的规定。

2. 挂接地线

经过验电器证明线路上无电压时,即可在工作地段的两端或有可能来电的分支线上,使用具有足够截面(不小于 $25mm^2$)的专用接地线将线路三相导线短路接地。若有感应电压反映在停电线路上时,则应加挂地线,以确保检修人员的安全。

携带型接地线,由专用线夹、多股软铜线、绝缘棒和接地棒组成。专用线夹用于接地线与导线连接,并要求接触良好。为了保证在短路电流的短时作用下不至烧断,接地线必须使用软铜线,而接地线的接地端则要用金属棒做临时接地,金属棒直径应小不于 10mm,打入深度不小于 0.6m。

接地线的构成和悬挂方法见图 6-1。

挂接地线和拆地线的步骤:挂接地线时,先接好接地端,然后再接导线端。接地线的连接要可靠,不得缠绕。同时注意以下两点:①若在同一杆塔的低压线和高压线均应接地时,则先

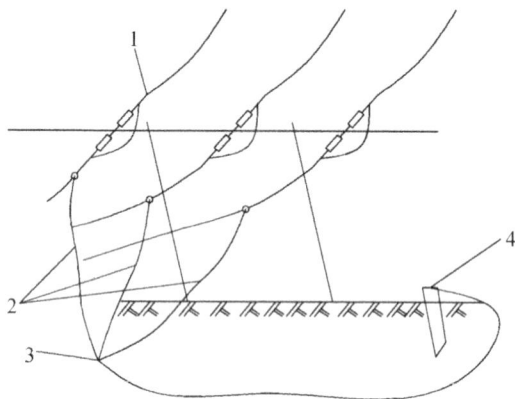

1—已停电线路；2—各相接地线；
3—三相接地线短路；4—临时接地用金属棒
图 6-1 接地线的构成和悬挂方法

接低压线，后接高压线；②若同杆塔的两层高压线均须接地时，应先接下层，后接上层。

拆接地线的顺序与挂接地线的顺序相反。

用铁塔或混凝土杆塔横担接地时，允许各相分别接地，但必须保证铁塔与接地线连接部分接触良好。

挂、拆接地线时，应有专人监护，且工作人员应使用绝缘棒或绝缘手套，人体不得触碰接地线。恢复送电之前（检修完毕后）必须查明所有工作人员及材料工具等，确实已全部从杆塔、导线及绝缘子上撤下，并拆除接地线后，检修人员不得再登杆进行任何工作。在清点接地线组数无误并按有关交接规定作好交接后,可向调度汇报,联系恢复送电,严禁约时送电。

对有绝缘避雷线的线路,也必须挂接地线。

3.登杆检修及注意事项

(1)在双回路并架的线路或变电所、发电厂进出线走廊及多回线路地段内检修时,最容易出现误登杆塔的情况。要求在检修线路每一基杆塔时,要有专人监护,每次登杆之前必须判定线路名称和杆塔号,并确认线路已停电并挂好接地线后,在专人监护下才能登杆塔。当绕过河流或树林离开线路较远再回到线路上时,更应仔细辨认线路名称和杆塔号;

(2)对导线特殊排列的杆塔,进行每一相检修工作时,都必须与杆下监护人相呼应,取得联系;

(3)登杆之前先检查杆根牢固情况,新换的电杆应待基础及拉线安装牢固后方可登杆;

(4)如检修工作是松开导线、避雷线或更换拉线时,应将电杆打好临时拉线;

(5)登带有脚钉的杆塔时,应注意脚钉固定是否牢固,可先用手搬动脚钉,证实牢固后再登塔;

(6)更换绝缘子金具等需将导线、避雷线脱离线夹时,宜在杆塔上绑挂放线滑车,将导线暂时放在放线滑车内,避免导线拖地或与杆塔相碰磨损导线；

（7）拆除导线、避雷线之前，应先将其划印，以便线夹握住原位置，避免邻档导线弧垂改变，造成导线对地距离过小；

（8）用火花间隙法检测零值或劣质绝缘子时，应自横担侧开始逐片检测。如果发现零值和劣质绝缘子总和接近每串绝缘子数的 1/3 时，应停止检测，以免绝缘子串闪络放电；

（9）检查铁塔基础时，在不影响铁塔稳定的情况下，可在对角线的两个基础同时挖开检查，检查电杆和拉线基础时，应安装临时拉线后方可挖土检查；

（10）利用旧杆起立新杆时，或拆除导线和避雷线之前，应检查杆根是否牢固，否则应安装临时拉线；

（11）利用飞车检修导线间隔或接头时，应先验算飞车与交叉跨越物和对地的安全距离是否满足要求。一般飞车与通信线的距离不小于 1.0m；与电力线路的最小垂直距离不小于表 6-3 的危险距离。飞车与地的距离不宜低于 3.0m；

（12）在市区、交通路口、居民来往频繁的地区进行线路检修工作时，应设专人监护。除工作人员外，所有人员应远离电杆 1.2 倍杆高的距离；

（13）在砍伐树木和剪枝工作中，应用绳索或撑杆将树枝脱

离导线和配电设备,不得砸撞导线和配电设备;

(14)当需在带电杆塔上刷油漆、除鸟窝、紧杆塔螺丝、检查避雷线、查看金具绝缘子时,则检修人员活动范围及其所携带工具、材料等与带电导线的最小距离不小于表6-2的规定。

表6-2　在带电线路杆塔上工作的安全距离

电压等级(kV)	≤10	20～35	44	60～110	154	220	330	500
安全距离(m)	0.70	1.00	1.20	1.50	2.00	3.00	4.00	6.2 8.5(低压线)

(15)停电检修的线路与另一线路邻近或交叉的安全距离,应符合表6-3的规定。

表6-3　邻近或交叉其他电力线工作的安全距离

电压等级(kV)	≤10	35	60～110	220	330	500
安全距离(m)	1.0	2.5	3.0	4.0	5.0	6.0～ 8.5(低压线)

(16)双回路杆上吊物体的应使用无极绳并不使其飘荡或用绝缘绳索。

(17)停电登杆检查项目有如下内容:

1)检查导线、避雷线悬挂点、各部螺栓是否松扣或脱落;

2)绝缘子串开口销子、弹簧销子是否齐全完好;

3）绝缘子有无歪斜、裂纹或硬伤等痕迹，针式绝缘子的芯棒有无弯曲；

4）防震锤有无歪斜、移位或磨损导线；

5）护线条卡有无松动或磨损导线；

6）检查绝缘子串的连接金具有无锈蚀、是否完好；

7）瓷横担、针式绝缘子及用绑线固定的导线是否完好可靠。

参考文献

［1］潘雪荣.高压送电线路杆塔施工.北京:中国电力出版社,1984

［2］国家电网公司人力资源部.输电线路运行.北京:中国电力出版社,2011

［3］罗朝祥,高虹亮.架空输电线路运行与检修.北京:中国电力出版社,2017

［4］沈黎明,李洪涛.电力电缆施工运行与维护.北京:中国电力出版社,2013